畜禽场消毒防疫与疾病防制技术丛书

兔场消毒防疫与疾病防制

主编　李连任

河南科学技术出版社

·郑州·

图书在版编目（CIP）数据

兔场消毒防疫与疾病防制/李连任主编.—郑州：河南科学技术出版社，2018.1

（畜禽场消毒防疫与疾病防制技术丛书）

ISBN 978-7-5349-8997-1

Ⅰ.①兔… Ⅱ.①李… Ⅲ.兔-养殖场-卫生防疫管理②兔病-防治 Ⅳ.①S858.291

中国版本图书馆CIP数据核字（2017）第221268号

出版发行：河南科学技术出版社

地址：郑州市经五路66号　　邮编：450002

电话：（0371）65737028　65788613

网址：www.hnstp.cn

策划编辑：陈　艳　陈淑芹

责任编辑：申卫娟

责任校对：金兰苹

封面设计：张　伟

版式设计：栾亚平

责任印制：张　巍

印　　刷：河南金雅昌文化传媒有限公司

经　　销：全国新华书店

幅面尺寸：140 mm×202 mm　　印张：4　　彩：2.5　　字数：162千字

版　　次：2018年1月第1版　　2018年1月第1次印刷

定　　价：29.80元

《兔场消毒防疫与疾病防制》编写人员名单

主　　编　李连任

副 主 编　薛喜梅　卢成合

编写人员　李连任　李长强　卢纪忠　薛喜梅

　　　　　郑培志　郭长城　任永军　卢成合

前　言

近年来，在我国建设农业生态文明的新形势下，规模化养殖得到较快发展，畜禽生产方式也发生了很大的变化，给动物防疫工作提出了更新、更高的要求。同时，随着市场经济体制的不断推进，国内外动物及其产品贸易日益频繁，给各种畜禽病原微生物的污染传播创造了更多的机会和条件，加之畜禽养殖者对动物防疫及卫生消毒工作的认识普及和落实不够，疾病控制已成为制约畜禽养殖业前行的一个“瓶颈”，并对公众健康构成了潜在的威胁。人们不禁要问：为什么现在畜禽疾病难治疗？

控制畜禽疾病的手段是多方面的，药物预防和治疗固然至关重要，但消毒、防疫、疫苗接种免疫也是不可忽视的。现实生产中，有些养殖场户平时工作做得不细，思想上麻痹大意，认为注射疫苗就是防疫工作的全部内容，做完了疫苗就万事大吉了；有的则是无病时不消毒，得病了就手忙脚乱地乱消毒，不停地消毒，药物浓度、消毒密度都超出了常规，不合理的消毒制度给畜禽带来了更多的发病机会，让养殖工作步履艰难；在疾病防制过程中，重“治”轻“防（制）”；防制技术落后。其后果是畜禽疾病多发，且难治疗。

正是基于以上认识，本书不使用“防治”而使用“防制”，意在积极倡导消毒防疫、免疫防控、防重于治的理念。我们组织农科院专家学者、职业院校教授和常年工作在生产一线的技术服务人员编写了这套“畜禽场消毒防疫与疾病防制技术丛书”。本丛书以制约养殖场健康发展的畜禽疾病控制为切入点，按照畜（禽）品种鸡、鸭、鹅、兔、猪、牛、羊分为7个分册。本册介绍了养兔场的消毒、防疫、免疫、常见病防制，并配有多幅彩图。书中重点介绍消毒基础知识、消毒常用药物和现场包括环境、场地、圈舍、兔体、饲养用具、车辆、粪便及污水等的消毒技术，在关键技术操作过程、疾病诊断等内容叙述中配有插图，形象直观，通俗易懂，内容丰富，理论阐述深入浅出，技术针对性、指导性和实用性强。

由于编者水平所限，书中若有讹误之处，恳请广大读者不吝指正。

编者

2016年11月

目 录

第一章　兔场的消毒

第一节　消毒基础知识

养殖业最大的杀手是疫病，尤其是传染性疫病，它可以引起大批畜禽的死亡，也可以引起动物生产性能下降，降低饲料转化率，大大增加生产成本，造成巨大的经济损失，而且有些人畜共患的传染性疫病还严重威胁到人们的身体健康。而预防和控制疫病的流行，最有效的手段是免疫和消毒。免疫具有针对性，疫苗毒株类型与疫病毒株类型相一致时，保护率相当高，但疫病千变万化，毒株种类繁多，使疫苗的保护范围受到限制，而且有时疫苗的研制生产往往是滞后于疫病的发生，有些疫苗的使用并不完全保证疫病不产生新的变异。这时我们就需要采取另一保护范围更广，控制疫病同样非常有效的措施——消毒。

一、消毒的概念

消毒就是指采用物理、化学、生物学的方法，杀灭外界环境和物体上的病原微生物，以切断疫病传播途径，阻止和控制传染病的发生。

动物传染疫病发生必须具备三个基本环节：传染源、传播途径、易感动物群。要控制动物传染病，必须解决好三个环节的问题：控制和消灭传染源，切断传播途径，减少易感动物。消毒从前两个环节入手，使环境中的病原微生物大大减少，并防止病原微生物从一个地方传播到另一个地方。

消毒的目的是防止病原体扩散，杜绝一切传染来源，阻止疫病继续蔓延，是综合性预防措施中的重要一环。仅靠消毒措施还不足以达到以上目的。须同时进行必要的隔离措施和工作中的无菌操作，才能达到控制传染之效。

不同传播机制引起的传染病，消毒的效果有所不同。胃肠道传染病，病原体随排泄物或呕吐物排出体外，污染范围较为局限，如能及时正常地进行消毒，切断传播途径，中断传播的效果较好。呼吸道传染病，病原体随呼吸、咳嗽、打喷嚏排出，再通过飞沫和尘埃而播散，污染范围不确切，消毒较为困难，须同时采取空间隔离，才能中断传染。虫媒传染病则采取杀虫灭鼠等方法。

二、消毒的类型与方法

（一）消毒的类型

按照消毒的目的不同可以分为以下三类。

1. 预防消毒　即在平时对兔舍、兔笼、饮水器、食盆和用具等进行定期消毒，以达到预防一般传染病的目的。

2. 随时消毒　当兔场发生传染病时或个别兔发病时，为及时消灭从兔体内排出的病原体而采取的消毒措施。

3. 终末消毒　在病兔解除隔离、痊愈或死亡后或者在疫区解除锁封之前，为了消灭疫区内可能残留的病原体所进行的全面彻底的大消毒。

（二）消毒的方法

1. 物理消毒法

（1）机械性消毒：是用机械性的方法清除病原体，如清扫洗刷，经常清扫粪便、污物，洗刷兔笼、底板和用具，通风等。

（2）火焰消毒：是用火焰喷灯喷出的火焰来消毒，通常喷灯的火焰温度达到400～800℃，可用于消毒兔笼、笼底板、产仔箱等，消毒效果好，但要注意防火。

（3）煮沸消毒：经煮沸30分钟，一般微生物可被杀死，适用于医疗器械及工作服等的消毒。在水中加入少量的碱，如1%～2%的碳酸氢钠溶液、0.5%的肥皂水或氢氧化钠溶液等，可使蛋白、脂肪溶解，防止金属生锈，提高沸点，增强杀菌作用。

（4）阳光、紫外线、干燥消毒：即通过日光暴晒消毒。日光中紫外线具有良好的杀菌能力，阳光的灼热和蒸发水分引起的干燥亦有杀菌作用。家兔的巢箱、垫草、饲草等在直射阳光下照射2～3小时，可杀死大多数病原微生物。

2. 化学消毒法 使用化学药品的溶液进行消毒，称为化学消毒法。化学消毒的效果取决于许多因素，如病原体抵抗力的强弱、所处环境的情况和性质、消毒时的温度、药剂的浓度、作用时间的长短，选择化学消毒剂时应考虑选择对该病原的消毒力强，对人、畜的毒性小，不损害被消毒的物体，易溶于水，在消毒环境中比较稳定，不易失去作用，又要价廉易得和使用方便等。

化学消毒法常用的有熏蒸消毒法、浸泡消毒法、饮水消毒法和喷雾消毒法等。

（1）熏蒸消毒法：将消毒药物加热或用化学方法，使药物产生气体，扩散至各处，密闭一定时间后通风。如用福尔马林、过氧乙酸等熏蒸。用福尔马林熏蒸时，按每立方米空间12毫升福尔马林、6克高锰酸钾的比例配制。将福尔马林放入非金属容器中，面积较大时，分放多点，密闭所有门窗，由里向外逐个加入高锰酸钾，迅速离开，关闭门窗，密闭24小时后通风换气，至无福尔马林气味后方可进兔。

（2）浸泡消毒法：将消毒药品按比例配成消毒药液，将需消毒的笼底板等放入消毒液中，浸泡一定时间后取出，用清水洗净后晾干。

（3）喷雾消毒法：将消毒药物按规定配成一定比例，用喷雾器喷雾空间、兔笼、墙壁及兔体。

（4）饮水消毒法：将消毒药物按规定比例加入水中。

3. 生物消毒法

（1）生物热消毒：主要用于污染粪便的无害化处理，兔场应该将兔粪和污物集中堆放在离兔舍较远的偏僻处，使粪便堆沤后利用粪便中的微生物发酵产热，可使粪堆的温度达 70℃ 以上。经过一段时间，可以杀死病毒、病菌、球虫卵囊等病原体而达到消毒目的，同时又保持粪便的肥效。

（2）发酵池发酵：在兔场围墙外修建数个发酵池，大小根据养兔数量而定，池壁和池底用砖砌、水泥抹面，再用防渗水泥处理，保证其不渗水。然后将每天清扫的兔粪、污物等倒入池内，池满时在粪便表面盖一层杂草，上面盖 10 厘米厚的土，冬季发酵 1~2 个月即可作为肥料使用，夏季发酵 2~3 周即可使用。

（3）堆积法发酵：在距离养兔场生产区 100~200 米的地方设立堆粪场，挖建深 20~30 厘米、宽 100~150 厘米、长视兔场规模而定的浅沟，先在沟底铺 20~25 厘米的秸秆，其上堆放准备发酵消毒的兔粪、垫草、污物等，厚度 1~1.2 米，然后在粪堆上盖 10 厘米厚的谷草，谷草上再覆盖 10 厘米厚的土。夏季堆积 3 周左右即可发酵成功，可以作为肥料使用。

三、影响消毒效果的因素

影响养兔场消毒效果的因素主要有以下几个：

（一）消毒剂的浓度与剂量

消毒药液的浓度是决定杀毒力、杀菌力的首要条件。消毒药杀病毒、杀菌的基本原理是消毒药的微小粒子（分子）冲撞菌体，从而使菌体外壁受到破坏，细菌成分变性。如果消毒药不与

菌体接触，就不可能发挥杀菌力。消毒药液中浮游着许多消毒药粒子，这些粒子与细菌冲撞才能起到杀菌作用，因此消毒药粒子越多就越能更迅速地杀死更多的细菌。

消毒剂的剂量是杀灭微生物的基本条件。兔舍消毒时，每平方米的药液喷洒量与消毒效果密切相关。喷洒药液量要能够湿润物体本身，否则，消毒液的粒子就不能与细菌或病毒直接接触，消毒药也就不能发挥作用。无论多强的消毒药，若使用的药量尚不能湿润物体，消毒效力就不会均匀，仅是一种不完全的消毒。一般兔舍的水泥地面消毒，每平方米需要 1～1.5 升的药液，这么多的量可以使药液能在地面上流动。如果喷洒药液之前未经充分冲洗，则需要 3 升以上的药液，每平方米 4.5 升的药液效果最佳。这一点不仅在兔舍消毒，对器具、笼具的消毒也同样适用。

（二）温度

温度不仅是热力消毒的决定因素，对其他消毒方法亦是重要因素。除热力消毒完全依靠温度作用来杀灭微生物外，其他各种消毒方法亦都受温度变化的影响。一般来说，无论是在物理消毒还是在化学消毒中，温度越高效果越好，温度低时则消毒效果会受到影响。如熏蒸消毒时，温度在 15℃以下时会降低消毒效果，但也有少数消毒剂受温度的影响少些。关于温度变化对消毒效果的影响程度，往往随消毒方法、药物及微生物种类不同而异，一般可用温度系数来表示。有的情况下，消毒处理本身就需要一定温度才行，因此，当温度降到极限以下时，即无法进行消毒处理。例如，环氧乙烷熏蒸，低于 10.7℃时，药物本身就不能挥发成气体；紫外线照射时，灯管本身功率输出的强度也随着温度降低而减弱，有的灯管在 4℃时，输出功率的强度只有 27℃时的 1/5～1/3。

（三）微生物污染程度

微生物污染程度越严重，消毒就越困难，原因是需要的作用时间延长、消耗的药物增加、微生物彼此重整，加强了机械保护作用，耐力强的个体随之增多等。对于污染严重的对象，消毒处理剂量要加大。在消毒的实际工作中，规定的剂量一般都能使污染比较严重的物品达到消毒要求，并还留有一定的安全系数，除非污染特别严重，否则按规定的剂量处理即可。

（四）消毒环境的 pH 值

酸碱度主要影响化学消毒剂的作用。酸碱度的变化可直接影响某些消毒方法的效果。一方面是 pH 值对消毒剂本身的影响会降低或提高消毒剂的活性；另一方面是 pH 值对微生物的影响。化学消毒剂由于其化学性质的不同，对酸碱度的要求不同，戊二醛类和季铵盐类消毒剂在碱性条件下杀菌效果好，如戊二醛在 pH 值由 3 升至 8 时，杀菌作用逐步增强；而酚类消毒剂、含氯消毒剂等则在酸性条件下作用强，如次氯酸盐溶液，pH 值由 3 升至 8 时，杀菌作用逐渐下降；洗必泰、季铵盐类化合物在碱性环境中杀菌作用较强。有些消毒剂可通过复方强化来改变其对酸碱度的依赖性。

（五）环境的相对湿度

消毒环境的相对湿度对气体消毒和熏蒸消毒的影响十分明显，相对湿度过高或过低都会影响消毒效果，甚至导致消毒失败。室内空气甲醛熏蒸消毒的相对湿度应为 80%～90%，过氧乙酸熏蒸消毒的相对湿度应为 60%～80%，小型物体环氧乙烷消毒处理的相对湿度以 40%～60%为宜，大型物体（大于 0.15 米^3）消毒的相对湿度为 50%～80%。另外，紫外线在相对湿度为 60%以下时，杀菌力较强，在 80%～90%时，杀菌力下降 30%～40%，因为相对湿度增高会影响紫外线的穿透力。

（六）有机物

血清、血液、脓液、痰液、泥土、食物残渣、粪便等，都属于有机物。有机物与消毒剂结合成为不溶解的化合物，或成为菌体的保护膜而降低其杀菌作用，因此消毒前要先清除被消毒物表面的粪尿、分泌物、垫草等，以便充分消毒。

（七）微生物特点

不同微生物对药物的易感性差异很大，如芽孢和繁殖型细菌、革兰氏阳性菌和阴性菌、病毒和细菌之间所呈现的易感性和耐药性都不相同，病毒之间、细菌之间的差异也很大。因此，要针对微生物选择消毒药物。

（八）拮抗作用

消毒药物配合使用时，应注意产生拮抗作用而降低消毒效果。

四、制定严格的消毒制度

养兔场（户）必须制定严格的消毒制度。主要包括以下内容：

（1）合理选择消毒方法、消毒剂，科学制订消毒计划和程序，严格按照消毒规程实施消毒，并做好人员防护。

（2）生产区出入口设置与门同宽，长至少 4 米（车轮周长的 2 倍），深 0.3 米以上的消毒池，各养殖栋舍出入口设置消毒池或者消毒垫。适时更换池（垫）水、池（垫）药，保持有效药液容量和浓度。

（3）生产区入口处设置更衣消毒室。所有人员必须更衣、对手消毒，经过消毒池和消毒室后才能进入生产区。工作服、胶鞋等要专人使用并定期清洗消毒，不得带出。

（4）进入生产区车辆必须彻底消毒，同时应对随车人员、物品进行严格消毒。

（5）定期或适时对圈舍、场地、用具及周围环境（包括污水池、排粪沟、下水道出口等）进行清扫、冲洗和消毒，必要时带畜禽消毒，保持清洁卫生。同时要做好饲用器具、诊疗器械等的消毒工作。

(6) 兔周转舍、台、磅秤及周围环境每售一批兔后大消毒1次。圈舍空置1周后方可再饲养。

(7) 家兔发生一般性疫病或突然死亡时，应立即对所在圈舍进行局部强化消毒，规范死亡兔的消毒及无害化处理。

(8) 所有生产资料进入生产区都必须严格执行消毒制度。

(9) 按规定做好本场消毒记录。

第二节 常用消毒设备与消毒防护

根据消毒方法、消毒性质不同，消毒设备也有所不同。消毒工作中，由于消毒方法的种类很多，要根据具体消毒对象的特点和消毒要求以及选择适当的消毒剂外，还要了解消毒时采用的设备是否适当，以及操作中的注意事项等。同时还需注意，无论采取哪种消毒方式，都要做好消毒人员的自身防护。

常用消毒设备可分为物理消毒设备和化学消毒设备。

一、物理消毒常用设备

物理消毒灭菌技术在动物养殖和生产中具有独特的特点和优势。物理消毒灭菌一般不改变被消毒物品的形状与原有组分，能保持饲料和食物固有的营养价值；不产生有毒有害物质残留，不会造成被消毒灭菌物品的二次污染；一般不影响被消毒物品的形状；对周围环境的影响较小。但是，大多数物理消毒灭菌技术往往操作比较复杂，需要大量的机械设备，而且成本较高。

养兔场物理消毒主要有紫外线照射、机械清扫、洗刷、通风换气、干燥、煮沸、蒸汽、火焰焚烧等。依照消毒的对象、环节等，需要配备相应的消毒设备。

（一）机械清扫、冲洗设备

机械清扫、冲洗设备主要是高压清洗机，是通过动力装置使高压柱塞泵产生高压水来冲洗物体表面的机器。它能将污垢剥离、冲走，达到清洗物体表面的目的。因为是使用高压水柱清理污垢，所以高压清洗也是世界公认最科学、经济、环保的清洁方式之一。主要用途是冲洗养殖场场地、圈舍建筑、养殖场设施设备、车辆和喷洒药剂等。

高压清洗机可分为冷水高压清洗机、热水高压清洗机，二者最大的区别在于，热水清洗机加了一个加热装置，利用燃烧缸把水加热。

1. 分类　按驱动引擎可分为电动机驱动高压清洗机、汽油机驱动高压清洗机和柴油机驱动清洗机三大类。顾名思义，这三种清洗机都配有高压泵，不同的是它们分别采用与电动机、汽油机或柴油机相连，由此驱动高压泵运作。汽油机驱动高压清洗机和柴油驱动清洗机的优势在于它们不需要电源就可以在野外作业。

2. 产品原理　水的冲击力大于污垢与物体表面附着力，高压水会将污垢剥离，冲走，达到清洗物体表面的目的。因为是使用高压水柱清理污垢，除非是很顽固的油渍才需要加入一点清洁剂，不然强力水压所产生的泡沫就足以将一般污垢带走。

（二）紫外线灯

紫外线是一种低能量电磁波，具有较好的杀菌作用。紫外线消毒仅需几秒即可对细菌、病毒、真菌、芽孢、衣原体等达到灭活效果，而且运行操作简便，基建投资及运行费用低，因此被广泛应用于畜禽养殖场消毒。

1. 紫外线的消毒原理　利用紫外线照射，使菌体蛋白发生光解、变性，菌体的氨基酸、核酸、酶遭到破坏死亡。同时紫外线通过空气时，使空气中的氧电离产生臭氧，加强了杀菌作用。

2. 紫外线的消毒方法　紫外线多用于空气及物体表面的消

毒，波长 2 573 纳米。用于空气消毒，有效距离不超过 2 米，照射时间 30~60 分钟；用于物体表面消毒，有效距离在 25~60 厘米，照射时间 20~30 分钟，从灯亮 5~7 分钟开始计时（灯亮需要预热一定时间，才能使空气中的氧电离产生臭氧）。

3. 紫外线的消毒措施

（1）空气消毒采用紫外线照射时，采用固定式安装，将灯固定吊装在天花板或墙壁上，离地面 2.5 米左右，灯管下安装金属反射罩，使紫外线反射到天花板上，安装在墙壁上的，反光罩斜向上方，使紫外线照射在与水平面呈 3°~80°角范围内，这样使上部空气受到紫外线的直接照射，而当上下层空气对流交换（人工或自然）时，整个空气都会受到消毒。通常每 6~15 米^3 空间用 1 支 15 瓦的紫外线灯。

对实验室、更衣室空气的消毒，在直接照射时每 9 米^2 地板面积需要 1 支 30 瓦的紫外线灯。人员进出场区，要通过消毒间，经过紫外线照射消毒。

空气消毒时，室内所有柜门、抽屉等都要打开，保证消毒室所有空间充分暴露，都能得到紫外线的照射，做到消毒无死角。

（2）关灯后立即开灯会减少灯管寿命，应冷却 3~4 分钟再开，可以连续使用 4 小时，通风散热要好，以保持灯管寿命。

（3）应随时保持消毒室的清洁干燥，每天用消毒液浸泡后的专用抹布擦拭消毒室。用专用拖把拖地。

（4）规范紫外线灯日常监测登记，必须做到分室、分盏进行登记，登记簿中有灯管启用日期、每天消毒时间、累计时间、执行者签名等内容，要求消毒后如实做好记录。

（5）紫外线也可对水进行消毒，优点是水中不必添加其他消毒剂或提高温度；缺点是紫外线在水中的穿透力随深度的增加而降低，水中杂质对紫外线穿透力的影响更大。

对水消毒的装置，可呈管道状，使水由一侧流入，另一侧流出；紫外线灯管不能浸于水中，以免降低灯管温度，减少输出强度；流过的水层不宜超过 2 厘米。

直流式紫外线水液消毒器，使用 30 瓦灯管 1 支，每小时可处理约 2 000 升水；套管式紫外线水液消毒器，使水沿外管壁形成薄层流到底部，接受紫外线的充分照射，每小时可生产 150 升无菌水。

（6）在进行紫外线消毒的时候，还要注意保护好个人的眼睛和皮肤，因为紫外线会损伤角膜、皮肤上皮。在进行紫外线消毒的时候，最好不要进入正在消毒的房间。如果必须进入，要戴上防紫外线的护目镜。

4. 使用紫外线消毒灯的注意事项 紫外线灯灯管表面应经常（一般 2 周 1 次）用酒精棉球轻轻擦拭，除去上面的灰尘和油垢，减少对紫外线穿透力的影响；紫外线肉眼看不见，有条件的场应定期测量灯管的输出强度，没有条件的可逐日记录使用时间，以判断是否达到使用期限；消毒时，房间内应保持清洁、干燥，空气中不应有灰尘和水雾，温度保持在 20℃以上，相对湿度不宜超过 60%；紫外线不能穿透的表面（如纸、布等），只有直接照射的一面才能达到消毒目的，因而要按时翻动，使各面都能受到有效照射；人员进场需要进行紫外线消毒时，消毒时间不能过长，以每次消毒 5 分钟为宜；不能让紫外线直接长期照射人的体表和眼睛。

（三）干热灭菌设备

干热灭菌法是热力消毒、灭菌常用的方法之一，它包括焚烧、烧灼和热空气法。

焚烧是用于传染病畜禽尸体、病畜禽垫草、病料以及污染的杂草、地面等的灭菌方法，可直接点燃或在炉内焚烧；烧灼是直接用火焰进行灭菌，适用于微生物实验室的接种针、接种环、试管、玻璃片等耐热器材的灭菌；热空气法是利用干热空气进行灭菌，主要用于各种耐热玻璃器皿，如试管、吸管、烧瓶及培养皿等实验器材的灭菌。这种灭菌法是在一种特制的电热干燥器内进行的。由于干热的穿透力低，因此，箱内温度上升到160℃后，保持2小时才可保证杀死所有的细菌及其芽孢。

1. 干热灭菌器

（1）干热灭菌器的构造：干热灭菌器也就是烤箱，是由双层铁板制成的方形金属箱，外壁内层装有隔热的石棉板。箱底下放置大型火炉，或在箱壁中装置电热线圈。内壁上有数个孔，供流通空气用。箱前有铁门及玻璃门，箱内有金属箱板架数层。电热烤箱的前下方装有温度调节器，可以保持所需的温度。

（2）干热灭菌器的使用方法：将培养皿、吸管、试管等玻璃器材包装后放入箱内，闭门加热。当温度上升至160～170℃时，保持温度2小时，到达时间后，停止加热，待温度自然下降至40℃以下，方可开门取物，否则冷空气突然进入，易引起玻璃炸裂；且热空气外溢，往往会灼伤取物者的皮肤。一般吸管、试管、培养皿、凡士林、液状石蜡等均可用本法灭菌。

2. 火焰灭菌设备 火焰灭菌法是指用火焰直接烧灼的灭菌方法。该方法灭菌迅速、可靠、简便，适合于耐火材料（如金属、玻璃及瓷器等）与用具的灭菌，不适合药品的灭菌。

所用的设备包括火焰专用型和喷雾火焰兼用型两种。火焰专用型特点是使用轻便，适用于大型机种无法操作的地方；便于携带，适用于室内外和小、中型面积处，方便快捷；操作容易，打气、按电门，即可发动，按气门钮，即可停止；全部采用不锈钢材料，机件坚固耐用。喷雾火焰兼用型除上述特点外，还具有以下特点：一是节省药剂，可根据被使用的场所和目的不同，用旋转式药剂开关来调节药量；二是节省人工费，用1台烟雾消毒器能达到10台手压式喷雾器的作业效率；三是消毒彻底，消毒器喷出的直径5～30微米的小粒子形成雾状浸透在每个角落，可达到最好的消毒效果。

(四) 湿热灭菌设备

湿热灭菌法是热力消毒和灭菌的一种常用方法，包括煮沸消毒法、流通蒸汽消毒法和高压蒸汽灭菌法。

1. 消毒锅　消毒锅用于煮沸消毒，适用于一般器械如刀剪、注射器等金属和玻璃制品及棉织品等的消毒。这种方法简单、实用、杀菌能力比较强，效果可靠，是最古老的消毒方法之一。消毒锅一般使用金属容器，煮沸消毒时要求水沸腾时间 5~15 分钟，一般水温能达到 100℃，细菌繁殖体、真菌、病毒等可立即死亡。而细菌芽孢需要的时间比较长，要 15~30 分钟，有的要几个小时才能杀灭。

煮沸消毒时，要注意以下几个问题：

(1) 煮沸消毒前，应将物品洗净。易损坏的物品用纱布包好再放入水中，以免沸腾时互相碰撞。不透水物品应垂直放置，以利于水的对流。水面应高于物品。消毒器应加盖。

(2) 消毒时，应自水沸腾后开始计算时间，一般需 15~20 分钟（各种器械煮沸消毒时间见表 1.1）。对注射器或手术器械灭菌时煮沸 30~40 分钟。加入 2%碳酸钠溶液，可防锈，并可提高沸点（水中加入 1%碳酸钠溶液，沸点可达 105℃），加速微生物死亡。

表 1.1　各种器械煮沸消毒参考时间

消毒对象	消毒参考时间（分钟）
玻璃类器材	20~30
橡胶类及电木类器材	5~10
金属类及搪瓷类器材	5~15
接触过传染病料的器材	>30

(3) 对棉织品煮沸消毒时，一次放置的物品不宜过多。煮

沸时应略加搅拌，以利于水的对流。物品加入较多时，煮沸时间应延长到30分钟以上。

(4) 消毒时，物品间勿潴留气泡；勿放入能增加黏稠度的物质。消毒过程中，水应保持连续煮沸，中途不得加入新的污染物品，否则消毒时间应从水再次沸腾后重新计算。

(5) 消毒时，物品因无外包装，事后取出和放置时谨防再污染。对已灭菌的无包装医疗器材，取用和保存时应严格按无菌操作要求进行。

2. 高压蒸汽灭菌器

(1) 高压蒸汽灭菌器的结构：高压蒸汽灭菌器是一个双层的金属圆筒，两层之间盛水，外层坚固厚实，其上方有金属厚盖，盖旁附有螺旋，借以紧闭盖门，使蒸汽不能外溢，因而蒸汽压力升高，温度亦相应地增高。

高压蒸汽灭菌器上装有排气阀门、安全活塞，以调节蒸汽压力。有温度计及压力表，以表示内部的温度和压力。灭菌器内装有带孔的金属搁板，用以放置要灭菌的物品。

(2) 高压蒸汽灭菌器的使用方法：加水至外筒内，将被灭菌物品放入内筒。盖上灭菌器盖，拧紧螺旋使之密闭。灭菌器下用煤气或电炉等加热，同时打开排气阀门，排净其中的冷空气，否则压力表上所示压力并非全部是蒸汽压力，灭菌将不完全。

待冷空气全部排出后（即水蒸气从排气阀中连续排出时），关闭排气阀。继续加热，待压力表渐渐升至所需压力时（一般是101.53千帕，温度为121.3℃），调节炉火，保持压力和温度（注意压力不要过大，以免发生意外），维持15~30分钟。灭菌时间到达后，停止加热，待压力降至零时，慢慢打开排气阀，排除余气，开盖取物。切不可在压力尚未降为零时突然打开排气阀门，以免灭菌器中液体喷出。

高压蒸汽灭菌法为湿热灭菌法，其优点有三：一是湿热灭菌时菌体蛋白容易变性；二是湿热穿透力强；三是蒸汽变成水时可放出大量热增强杀菌效果。因此，它是效果最好的灭菌方法。凡耐高温和潮湿的物品，如培养基、生理盐水、衣服、纱布、棉花、敷料、玻璃器材、传染性污物等都可应用本法灭菌。

3. 流通蒸汽灭菌器　流通蒸汽消毒设备的种类很多，比较理想的是流通蒸汽灭菌器。

流通蒸汽灭菌器由蒸汽发生器、蒸汽回流、消毒室和支架等构成。蒸汽由底部进入消毒室，经回流罩再返回到蒸汽发生器内，这种蒸汽消耗少，只需维持较小火力即可。

流通蒸汽消毒时，消毒时间应从水沸腾后有蒸汽冒出时算起，消毒时间同煮沸法，消毒物品包装不宜过大、过紧，吸水物品不要浸湿后放入；因在常压下，蒸汽温度只能达到100℃，维持30分钟只能杀死细菌的繁殖体，不能杀死细菌芽孢和霉菌孢子，所以有时必须使用间歇灭菌法，即用蒸汽灭菌器或用蒸笼加热至约100℃维持30分钟，每天进行1次，连续3天。每天消毒完后都必须将被灭菌的物品取出放在室温或37℃温箱中过夜，提供芽孢发芽所需的条件。对不具备芽孢发芽条件的物品不能用此法灭菌。

二、化学消毒常用设备

化学消毒常用的设备主要是喷雾器。喷雾器有背负式喷雾器和机动喷雾器。背负式喷雾器又有压杆式喷雾器和充电式喷雾器，使用于小面积环境消毒和带兔消毒。机动喷雾器按其所使用的动力来划分，主要有电动（交流电或直流电）和气动两种，每种又有不同的型号，适用于兔舍外环境和空舍消毒，在实际应用时要根据具体情况选择合适的喷雾器。

在使用喷雾器进行消毒时要注意：固体消毒剂有残渣或溶化不全时，容易堵塞喷嘴，因此不能直接在喷雾器的容器内配制消毒剂，而要在其他容器内配制好以后经喷雾器的过滤网装入喷雾器的容器内。压杆式喷雾器容器内药液不能装得太满，否则不易打气。配制消毒剂的水温不宜太高，否则易使喷雾器的塑料桶身变形，而且喷雾时不顺畅。使用完毕，将剩余药液倒出，用清水冲洗干净，倒置，打开一些零部件，等晾干后再装起来。

三、消毒防护

无论采取哪种消毒方式，都要注意消毒人员的自身防护。消毒防护，首先要严格遵守操作规程和注意事项，其次要注意消毒人员以及消毒区域内其他人员的防护。防护措施要根据消毒方法的原理和操作规程而有针对性。例如进行喷雾消毒和熏蒸消毒就应穿上防护服，戴上眼镜和口罩；进行紫外线直接照射消毒，室内人员都应该离开，避免直接照射，进出养殖场人员通过消毒室进行紫外线照射消毒时，眼睛不要看紫外线灯，以免眼睛受到灼伤。

常用的个人防护用品可以参照国家标准进行选购，防护服应该配帽子、口罩和鞋套。

（一）防护服要求

防护服应防酸碱、防水、防寒、挡风、透气等。

1. 防酸碱　在消毒过程中，要求防护服能防酸碱、耐腐蚀。在工作完毕或离开疫区时，能用消毒液高压喷淋、洗涤消毒。

2. 防水　防水好的防护服材料，在 1 米^2 的防水布料薄膜上就有 14 亿个微细孔，一颗水珠比这些微细孔大 2 万倍，因此，水珠不能穿过薄膜层而湿润布料，不会被弄湿，可保证操作中的防水效果。

3. 防寒、挡风　防护服材料极小的微细孔应呈不规则排列，可阻挡冷风及寒气的侵入。

4. 透气　材料微孔直径应是汗液分子的 700~800 倍，汗液可穿透面料，即使在工作量大、体液蒸发较多时也感到干爽舒适。

（二）防护用品规格

1. 防护服　一次性使用的防护服应符合《医用一次性防护服技术要求》（GB19082—2003）。外观应干燥、清洁、无尘、无霉斑，表面不允许有斑疤、裂孔等缺陷；针线缝合采用针缝加胶合或做折边缝合，针距要求每 3 厘米缝合 8~10 针，针次均匀、平直，不得有跳针。

2. 防护口罩　应符合《医用防护口罩技术要求》（GB19083—2003）。

3. 防护眼镜　应视野宽阔，透亮度好，有较好的防溅性能，佩有弹力带。

4. 手套　医用一次性乳胶手套或橡胶手套。

5. 鞋及鞋套　为防水、防污染鞋套，如长筒胶鞋。

（三）防护用品的使用

1. 穿戴防护用品的顺序

步骤 1：戴口罩。平展口罩，双手平拉推向面部，捏紧鼻夹使口罩紧贴面部；左手按住口罩，右手将护绳绕在耳根部；右手按住口罩，左手将护绳绕向耳根部；双手上下拉口边沿，使其盖至眼下和下巴。

戴口罩的注意事项：戴口罩前先洗手；摘口罩前，要保持双手洁净，尽量不要触碰口罩内侧，以免手上的细菌污染口罩；口罩每隔 4 小时更换 1 次；佩戴面纱口罩要及时清洗，并且高温消毒后晾晒，最好在阳光下晒干。

步骤 2：戴帽子。戴帽子时注意双手不要接触面部，帽子的下沿应遮住耳的上沿，头发尽量不要露出。

步骤 3：穿防护服。

步骤 4：戴防护眼镜。注意双手不要接触面部。

步骤 5：穿鞋套或胶鞋。

步骤6：戴手套。将手套套在防护服袖口外面。

2. 脱掉防护用品顺序

步骤1：摘下防护镜，放入消毒液中。

步骤2：脱掉防护服，将反面朝外，放入黄色塑料袋中。

步骤3：摘掉手套，一次性手套应将反面朝外，放入黄色塑料袋中，橡胶手套放入消毒液中。

步骤4：将手指反掏进帽子，轻轻摘掉帽子，反面朝外，放入黄色塑料袋中。

步骤5：脱下鞋套或胶鞋，将鞋套反面朝外，放入黄色塑料袋中，将胶鞋放入消毒液中。

步骤6：摘口罩，一只手按住口罩，另一只手将口罩带摘下，放入黄色塑料袋中，注意双手不接触面部。

（四）防护用品使用后的处理

消毒结束后，执行消毒的人员需要进行自洁处理，必要时更换防护服对其做消毒处理。有些废弃的污染物包括使用后的一次性隔离衣裤、口罩、帽子、手套、鞋套等不能随便丢弃，应有一定的消毒处理方法，这些方法应该安全、简单、经济。

基本要求：污染物应装入盒或袋内，以防止操作人员接触；防止污染物接近人、鼠或昆虫；不应污染表层土壤、表层水及地下水；不应造成空气污染。污染废弃物应当严格清理检查，清点数量，根据材料性质分类，分成可焚烧处理和不可焚烧处理两大类。干性可燃污染废物进行焚烧处理；不可燃废物浸泡消毒。

（五）培养良好的防护意识和防护习惯

作为消毒人员，不仅应该熟悉各种消毒方法、消毒程序、消毒器械和常用消毒剂的使用，还应该熟悉微生物和传染病检疫防疫知识，能够对疫源地的污染菌做出判断。

由于动物防疫检疫人员或消毒人员长期暴露于病原体污染的环境下，因此，从事消毒工作的人员应该具备良好的防护意识，养成良好的防护习惯，加强消毒人员自身防护，防止和控制人畜共患病的发生。如，在干热灭菌时防止燃烧；压力蒸汽灭菌时防止爆炸事故及操作人员的烫伤事故；使用气体化学消毒时，防止有毒消毒气体的泄漏，经常检测消毒环境中气体的浓度，对环氧乙烷气体还应防止燃烧、爆炸事故；接触化学消毒灭菌时，防止过敏和皮肤黏膜的伤害等。

第三节　化学消毒剂

理想的化学消毒剂要具备以下条件：杀菌谱广；有效浓度高；作用速度快；性质稳定；易溶于水；可在低温下使用；不易受有机物、酸、碱及其他物理、化学因素的影响；对物品无腐蚀性；无色、无味、无臭，消毒后易于除去残留药物；毒性低，不易燃烧爆炸，使用无危险性；价格低廉；便于运输，可以大量供应等。

目前尚未发现一种消毒剂能同时满足上述所有条件。因此，要根据消毒的目的和消毒对象，选用合适的消毒剂。

一、消毒剂的作用水平

各种消毒剂可按其作用水平分为高、中、低三类。这样分类便于根据消毒目的选择合适的消毒剂。

（一）高水平消毒剂

可以杀灭一切微生物。例如甲醛、戊二醛、过氧乙酸、环氧乙烷、有机汞化合物等。

（二）中等水平消毒剂

除了不能杀灭细菌芽孢外，其他各种微生物均可杀灭。例如乙醇、酚、含氯消毒剂、碘消毒剂等。

（三）低效消毒剂

可杀灭细菌繁殖体、真菌和亲脂性病毒，但不能杀灭细菌芽孢、结核杆菌和亲水病毒。例如新洁尔灭、洗必泰等。

二、化学消毒剂的分类

（一）酚类消毒剂

酚类消毒剂包括苯酚、煤酚、复合酚等。复合酚是最早的国产高效广谱消毒剂，正确使用可彻底杀灭各类细菌、芽孢、真菌、病毒，可用于各类环境消毒，但复合酚的刺激性气味比较大，对栏舍及用具有腐蚀性，不能用于带体消毒，其他的酚类对细菌芽孢、真菌和病毒无效。

（二）酸类消毒剂

酸类消毒剂包括有机酸和无机酸两大类，有硼酸、水杨酸、苯甲酸、柠檬酸等。酸类主要是氢离子起抑菌和灭菌作用，主要是抑菌作用，一般不能杀灭微生物，在生产实践中不太常用。

（三）醛类消毒剂

醛类消毒剂包括甲醛、聚甲醛、戊二醛等，甲醛的35%～40%水溶液称为福尔马林，易挥发，对细菌、病毒、真菌、芽孢有杀灭作用，是常用消毒剂，主要用于熏蒸等，对人和畜禽的刺激性大，但复配的高效戊二醛制剂效果很不错。

（四）碱类消毒剂

碱类消毒剂杀灭微生物的作用主要取决于氢氧根离子浓度，浓度越高，杀灭作用越强，对微生物有很强的杀灭作用。包括氢氧化钠（烧碱）、氧化钙（生石灰）等，常用于疫病发生后的终末消毒和空栏消毒。但碱对皮肤有刺激性，对栏舍、用具、设备、地面有损伤，大量使用还易造成环境污染。

（五）碘制剂消毒剂

碘可碘化和氧化微生物的蛋白质，抑制其代谢酶活性，从而有很强的杀菌作用。杀菌作用几乎无选择性，对细菌、芽孢、真菌、病毒等各类微生物几乎有相同的有效浓度，是一种十分优秀的消毒剂。但在碱性环境和有机质大量存在时，其杀菌作用有些减弱。包括碘伏、碘仿、碘酊等，具有作用持久、刺激性小、杀菌谱广等优点，但价格相对较高。

（六）氯制剂消毒剂

氯制剂类消毒剂包括有机氯和无机氯，主要有漂白粉、二氯异氰尿酸钠等。二氯异氰尿酸钠杀菌谱广，各种微生物都能杀灭，使用成本也低。但单纯的二氯异氰尿酸钠的有效成分有一定挥发性和腐蚀作用，刺激性也较强，使用浓度不能过大。所以只有经过增效、增渗复配和高稳的制剂才能达到低浓度高效消毒，才能减少对畜禽的刺激。

（七）过氧化物类消毒剂

常用的有过氧乙酸、臭氧、环氧乙烷等，都是高效消毒剂。但存在使用不便、不易保存、有一定的危险性等缺点。

（八）季铵盐类消毒剂

季铵盐类消毒剂包括新洁尔灭、杜米芬等，是一类阳离子表面活性剂，杀菌广泛，作用快，刺激性小，使用成本也较低，但不能杀灭结核杆菌、芽孢和亲脂病毒、裸露病毒。其消毒作用可被有机物或酸性环境减弱，在碱性环境中得到加强，常用于皮肤黏膜和外环境消毒以及带畜禽间隔性消毒。所以市场上销售的季铵盐类制剂一般都是复配制剂。

三、兔场常用化学消毒剂的选择使用

（1）氢氧化钠（苛性钠、烧碱或火碱）：碱类消毒剂，粗制品为白色不透明固体，有块、片、粒、棒等形状；呈溶液状态的俗称液碱，主要用于场地、兔舍等消毒。2%～4%溶液可杀死病毒和繁殖型细菌，30%溶液10分钟可杀死芽孢，4%溶液45分钟可杀死芽孢，如加入 10%食盐能增强杀芽孢能力。实践中常以 2%的溶液用于消毒，消毒 1~2 小时后，用清水冲洗干净。

（2）石灰（生石灰）：碱类消毒剂，主要成分是氧化钙，加水即成氢氧化钙，俗名熟石灰或消石灰，具有强碱性，但水溶性小，解离出来的氢氧根离子不多，消毒作用不强。1%石灰水杀死一般的繁殖型细菌要数小时，3%石灰水杀死沙门杆菌要 1 小时，对芽孢和结核杆菌无效。其最大的特点是价廉易得。实践中，20 份石灰加水到 100 份制成石灰乳，用于涂刷墙体、栏舍、地面等，或直接加石灰于被消毒的液体中，或撒在阴湿地面、粪池周围及污水沟等处消毒。

（3）赛可新：酸类消毒剂，主要成分是复合有机酸，用于饮水消毒，用量为每升饮水添加 1~3 毫升。

（4）农福：酸类消毒剂，由有机酸、表面活性剂和高分子量杀微生物剂混合而成。对病毒、细菌、真菌、支原体等都有杀灭作用。常规喷雾消毒作 1∶200 稀释，每平方米使用稀释液 300 毫升；多孔表面或有疫情时，作 1∶100 稀释，每平方米使用稀释液 300 毫升；消毒池作 1∶100 稀释，至少每周更换一次。

（5）醋酸：酸类消毒剂，用于空气熏蒸消毒，按每立方米空间 3~10 毫升，加 1~2 倍水稀释，加热蒸发。可带畜禽消毒，用时须密闭门和窗。市售醋酸可直接加热熏蒸。

（6）漂白粉：卤素类消毒剂，灰白色粉末状，有氯臭，难溶于水，易吸潮分解，宜密闭、干燥处储存。杀菌作用快而强，价廉而有效，广泛应用于兔舍、地面、粪池、排泄物、车辆、饮水等消毒。饮水消毒可在 1 000 千克河水或井水中加 6~10 克漂白粉，10~30 分钟后即可饮用；地面和路面可撒干粉再洒水；粪便和污水可按 1∶5 的比例，一边搅拌，一边加入漂白粉。

（7）二氧化氯消毒剂：卤素类消毒剂，是国际上公认的新一代广谱强力消毒剂，被世界卫生组织列为 A1 级高效安全消毒剂，杀菌能力是氯气的 3~5 倍；可应用于兔活体、饮水、鲜活饲料消毒保鲜，栏舍空气、地面、设施等环境消毒、除臭；本品使用安全、方便，消杀除臭作用强，单位面积使用价格低。

（8）消毒威（二氯异氰尿酸钠）：卤素类消毒剂，使用方便，主要用于兔场喷洒消毒和浸泡消毒，也可用于饮水消毒，消毒力较强，可带兔消毒。使用时按说明书标明的消毒对象和稀释比例配制。

（9）二氯异氰尿酸钠烟熏剂：卤素类消毒剂，用于养兔场消毒，饲养用具的消毒；使用时，按每立方米空间 2~3 克计算，移出家兔置药于空兔舍，关闭门窗，点燃后即离开，密闭 24 小时后，通风换气即可。

（10）氯毒杀：卤素类消毒剂，使用同消毒威。

（11）百毒杀双链季铵盐广谱杀菌消毒剂：无色、无味、无刺激和无腐蚀性，可带兔消毒。配制成 3/10 000 的浓度用于兔舍、环境、用具的消毒，1/10 000 的浓度用于饮水消毒。

（12）东立铵碘双链季铵盐、碘复合型消毒剂：对病毒、细菌、霉菌等病原体都有杀灭作用。可供饮水、环境、器械、兔体消毒；饮水、喷雾、浸泡作 1：（2 000~2 500）稀释，发病时作 1：（1 000~1 250）稀释。

（13）菌毒灭复合双链季铵盐灭菌消毒剂：具有广谱、高效、无毒等特点，对病毒、细菌、霉菌及支原体等病原体都有杀灭作用；饮水作 1：（1 500~2 000）稀释；日常对环境、栏舍、器械消毒（喷雾、冲洗、浸泡）作 1：（500~1 000）稀释；发病时作 300 倍稀释。

（14）福尔马林醛类消毒剂：是含 37%~40%的甲醛水溶液，有广谱杀菌作用，对细菌、真菌、病毒和芽孢等均有效，在有机物存在的情况下也是一种良好的消毒剂，缺点是有刺激性气味。以 2%~5%水溶液用于喷洒墙壁、地面及用具消毒；房舍熏蒸按每立方米空间用福尔马林 30 毫升，置于一个较大容器内（至少 10 倍于药品体积），加高锰酸钾 15 克，事前关好所有门窗，密闭熏蒸 12~24 小时，再打开门窗去味。熏蒸时室温最好不低于 15℃，相对湿度在 70%左右。

（15）过氧乙酸氧化剂类消毒剂：纯品为无色澄明液体，易溶于水，是强氧化剂，有广谱杀菌作用，作用快而强，能杀死细菌、霉菌芽孢及病毒，不稳定，宜现配现用。0.04%~0.2%溶液用于耐腐蚀小件物品的浸泡消毒，浸泡时间为 2~120 分钟；0.05%~0.5%或以上喷雾，喷雾时消毒人员应戴防护目镜、手套和口罩，喷后密闭门窗 1~2 小时；用 3%~5%溶液加热熏蒸，每立方米空间 2~5 毫升，熏蒸后密闭门窗 1~2 小时。

第四节　兔场主要消毒项目

一、人员进舍的消毒

在兔舍入口处、通道、走廊及化验室等处，应安装紫外线灯进行消毒，进出兔舍时停留 5~8 分的时间。

凡进入兔舍、饲料间的饲养人员必须换衣、换鞋；脚踏消毒池后方可入内，洗手消毒后才能开始工作；每天工作完毕应将工作服、鞋、帽子脱在更衣室，洗净备用。

二、场区和环境的消毒

兔场要建立严格的消毒制度。凡来场的人员、车辆，必须经药物喷雾消毒后，才能进入场内；参观人员必须更换经消毒的工作服、鞋和帽子后才能进入生产区；出售家兔在场外进行，已调出的家兔严禁再送回场；严禁其他畜禽进入场内。

生产区内各栋兔舍周围、人行道每隔3~5天大扫除1次，每隔10~15天消毒1次；晒料场、兔运动场每日清扫1次，保持清洁干燥，每隔5~7天消毒1次。消毒药可交替选用3%来苏儿、2%火碱水、5%漂白粉、0.5%甲醛、30%草木灰、0.5%过氧乙酸、0.02%百毒杀等。

每年春秋两季在易污染的兔舍墙壁、固定兔笼的墙壁涂上10%~20%生石灰乳，在墙角、底层笼阴暗潮湿处撒上生石灰；生产区门口、兔舍门口、固定兔笼出入口的消毒池，每隔1~3天清洗1次，并用2%的火碱水消毒，确保消毒效果。

兔舍、兔笼及用具每季度或在一批兔全部出场后进行一次大清扫、大消毒。消毒前彻底清扫，干燥后消毒。根据病原体的特性、被消毒对象的性能与经济价值等因素，选择消毒剂和消毒方法。平常每7~10天带兔喷雾消毒1次。

兔舍水泥地面消毒前，先用高压水冲洗，干燥后用3%来苏儿、10%石灰乳或30%草木灰水洒在地面上。兔笼底板可浸泡在5%来苏儿溶液中消毒。对环境、笼舍等喷雾消毒时，可选用0.05%百毒杀、1%~3%农福、0.3%~0.5%过氧乙酸等药物，用不同雾粒大小的喷雾器喷雾消毒。

对兔舍、运动场地面做预防性消毒时，可铲除表层土3厘米左右，用10%~20%新鲜石灰水、3%~5%烧碱水或5%漂白粉溶液喷洒地面，然后垫上一层新土夯实；如进行紧急消毒时，可先在地面充分洒上对病原体具有强烈作用的消毒剂，过2~3小时后，铲去表面10厘米以上的土，并洒上10%~20%石灰水或5%漂白粉，然后垫上一层新土夯实，再喷洒10%~20%石灰水，经5~7天后将健康家兔重新放入饲养。

三、设备及用具的消毒

1. 常用消毒方法

（1）一般消毒：指笼具使用期间的带兔消毒。按使用说明用百毒杀、拜洁或水易净等配成一定的比例喷洒消毒，一般3天1次。

（2）彻底消毒：指引种前全舍消毒或把兔从笼内提出的不带兔消毒。按使用说明用杀菌力较强的消毒液，如来苏儿、甲醛、烧碱等，但应注意消毒后不能立即放兔，须放置2~3天再放兔。还可用喷灯火焰消毒，火焰应达到笼具的每个部位，火焰消毒数小时后便可放兔。彻底消毒一般1月1次。

2. 不同设备及用具的消毒

（1）兔舍、兔笼、通道、粪尿底沟的消毒：木制或竹制兔笼及用具，可用2%~5%热碱水洗刷，顶棚或墙壁可用10%~20%石灰乳刷白。金属物品最好用火焰喷灯消毒，为防止腐蚀，不得使用酸性或碱性消毒剂。粪便和脏物应选离兔场150米以外处堆积发酵。在消毒的同时有针对性地用2%敌百虫水溶液或500~800倍稀释的三氯杀螨醇溶液喷洒兔舍、兔笼和环境，以杀灭螨虫和有害昆虫，同时搞好灭鼠工作。

（2）设备、工具的消毒：各栋兔舍的设备、工具应固定，不得互相借用；每个兔笼和料槽、饮水器和草架也应固定；刮粪耙子、扫帚、锨、推粪车等用具，用完后及时消毒，晴天放在阳光下暴晒；产仔箱、运输笼用完后应冲刷干净，放在阳光下暴晒2~4小时，消毒后备用；家兔转群或母兔分娩前，兔舍、兔笼均须消毒1次。

（3）水槽、料槽、料盆、草架子、运料车的消毒：这些物品应每日冲刷干净，每隔7~10天用沸水浸泡或分别用2%热烧碱水、0.15%洗必泰、2%~4%福尔马林、0.5%过氧乙酸等浸泡消毒10~15分钟后，清水冲洗干净再用。

（4）产箱的消毒：使用过的产箱应倒掉里面的垫物，用清水冲洗干净，晾干后，在强日光下暴晒5~6小时，冬天可用紫外线灯照射5~6小时，再用消毒液喷雾消毒备用。

（5）兽医器械及用品的消毒：兽医器械及用品的消毒方法见表1.2。

表1.2　兽医器械及用品的消毒

消毒对象	消毒药物与方法步骤	备注
体温表	先用1%过氧乙酸溶液浸泡5分钟做第一道处理，然后再放入另一1%过氧乙酸溶液中浸泡30分钟做第二道处理	①针头用皂水煮沸消毒15分钟后，洗净，消毒后备用；②煮沸时间从水沸腾时算起，消毒物应全部浸入水内
注射器	针筒用0.2%过氧乙酸溶液浸泡30分钟后再清洗，经煮沸或高压消毒后备用	
各种玻璃接管	将接管分类浸入0.2%过氧乙酸溶液中，浸泡30分钟后用清水冲清；再将接管用皂水刷洗，清水冲净，烘干后，分类装入盛器，经高压消毒后备用	有积污的玻璃管，须用清洁液浸泡，2小时后洗净，再消毒处理
药杯、换药碗（搪瓷类）	将药杯用清水冲去残留药液后浸泡在1∶1 000新洁尔灭溶液中1小时；将换药碗用肥皂水煮沸消毒15分钟；再将药杯与换药碗分别用清水刷洗冲净后，煮沸消毒15分钟或高压消毒后备用（如药杯系玻璃类或塑料类的可用0.2%过氧乙酸浸泡2次，每次30分钟后，清洗烘干、备用）	①药杯与换药碗不能放在同一容器内煮沸或浸泡；②若用后的药碗染有各种药液颜色的，应煮沸消毒后用去污粉擦净，洗清，揩干后再浸泡；③冲洗药杯内残留药液下来的水须经处理后再弃去
托盘、方盘、弯盘（搪瓷类）	将其分别浸泡在1%漂白粉澄清液中1小时；再用皂水刷洗，清水洗净后备用	漂白粉澄清液每2周更换1次，夏季每周更换1次
污物敷料桶（搪瓷类）	将桶内污物倒去后，用0.2%过氧乙酸溶液喷雾消毒，放置30分钟；用碱或皂水将桶刷洗干净，清水洗净后备用	①污物敷料桶每周消毒1次；②桶内倒出的污敷料须消毒处理后回收或焚毁后弃去

续表

消毒对象	消毒药物与方法步骤	备注
被污染的镊子、钳子等	放入1%皂水煮沸消毒15分钟；再用清水将其冲净后，煮沸15分钟或高压消毒备用	①被脓、血污染的镊子、钳子或锐利器械应先用超声波清洗干净，再进行消毒；②刷洗下来的脓、血水按每1 000毫升加过氧乙酸原液10毫升计算（即1%浓度），消毒30分钟后，才能倒弃；③器械盒每周消毒1次；④器械使用前应用生理盐水淋洗
锐利器械	将器械浸泡在2%中性戊二醛溶液中1小时；再用皂水将器械用超声波清洗，清水冲净，揩干后，浸泡于第二道2%中性戊二醛溶液中2小时；将经过第一、二道消毒后的器械取出，用清水冲洗后浸泡于1∶1 000新洁尔灭溶液的消毒盒内备用	
开口器	将开口器浸入1%过氧乙酸溶液中，30分钟后清水冲洗；再用皂水刷洗，清水冲洗，揩干后，煮沸或高压蒸汽消毒备用	浸泡时开口器应全部浸入消毒液中
硅胶管	将硅胶管拆去针头，浸泡在0.2%过氧乙酸溶液中，30分钟后用清水冲洗；再用皂水冲洗硅胶管管腔后，用清水冲净，揩干	拆下的针头按注射器针头消毒处理
手套	将手套浸泡在0.2%过氧乙酸溶液中，30分钟后用清水冲洗；再将手套用皂水清洗，清水漂净后晾干；将晾干后的手套用高压蒸汽消毒或环氧乙烷熏蒸消毒后备用	手套应浸没于过氧乙酸溶液中，不能浮于液面上
橡皮管、投药瓶	用浸有0.2%过氧乙酸的揩布擦洗物件表面；再用皂水将其刷洗，清水洗净后备用	
导尿管、肛管、胃导管	将物件分类浸入1%过氧乙酸溶液中，浸泡30分钟后用清水冲洗；再将物件用皂水刷洗，清水洗净后，分类煮沸15分钟或高压消毒后备用	物件上胶布痕迹可用乙醚擦除
输液输血皮条	将皮条针上头拆去后，用清水冲净皮条中残留的液体，然后浸泡在清水中；再将皮条用皂水反复揉搓，清水冲净，揩干后，高压消毒备用	拆下的针头按注射器针头消毒处理

续表

消毒对象	消毒药物与方法步骤	备注
手术衣、帽、口罩等	分别浸泡在0.2%过氧乙酸溶液中30分钟后用清水冲洗；再用皂水搓洗，清水洗净，晒干，高压灭菌备用	口罩应与其他物件分开洗涤
创巾、敷料等	污染血液的，先放在冷水或5%氨水内浸泡数小时，然后在皂水中搓洗，最后在清水中漂净；污染碘酊的，用2%硫代硫酸钠溶液浸泡1小时，清水漂洗、拧干，浸于0.5%氨水中，再用清水漂净；经清洗后的创巾、敷料高压蒸汽灭菌备用	被传染性物质污染时，应先消毒后洗涤，再灭菌
推车	每月定期用去污粉或皂粉将推车擦洗1次；污染的推车应及时用0.2%过氧乙酸溶液擦拭，30分钟后再用清水揩净	

四、兔群消毒

（一）兔舍带兔消毒

虽然采用正确的方法进行了消毒，往往家兔还会发生疾病，这并不意味着根本没有消毒效果，而是消毒效果得不到长久保持。尽管墙壁和地面上喷洒药液很彻底，但喷洒的药液时间长了会变质以至于逐渐失效。阳离子活性剂类药液性质稳定，不易变质，只要有被膜附着就可以保持相当长的效力，但时间长了被膜也会脱落，药液失效。对付这种情况可采用兔舍带兔消毒和饮水消毒的方法。

兔舍带兔消毒不仅可以防暑降温、增加湿度，还能杀死和减少兔舍内飘浮的病毒和细菌，沉降舍内的尘埃，抑制氨气的发生和吸附氨气。

1. 兔舍带兔消毒的准备工作

（1）消毒前，兔舍、兔群的准备：清扫兔舍，保证舍内洁净无尘，以免降低消毒效果；给兔补充维生素和电解质，可以饮用0.1%维生素C溶液。

（2）消毒液的选择：应选择高效低毒、杀菌力强、刺激性小的消毒药，如百毒灭、百毒杀、二氯异氰尿酸钠、抗毒威等。

（3）消毒次数的确定：根据兔的生长发育期确定消毒次数。仔兔开食前每隔2天消毒1次；开食后断奶前，每隔4~5天消毒1次；幼兔期每周消毒1次；青年兔每15天消毒1次。兔疫接种前后3天停止消毒。兔群发生疫病时可采取紧急消毒措施。

（4）消毒器械的选择：消毒液的雾滴粒径应控制在50~80微米，所以应选择质量好的喷雾器。背负式喷雾器省力，价格适中，中小型兔场选用比较实用。

2. 兔舍带兔消毒的注意事项

消毒液配制要严格按产品说明书现用现配，不得改变浓度，不得久置不用。配制消毒液的水要清洁，夏季用凉水，冬季用温水。

喷雾数量以兔体和兔笼表面见潮为好。门窗关闭后喷雾，结束后开窗通风换气，要保持舍内空气清新干燥。

选择几种消毒药交替使用，以期杀灭各种病原微生物。

发生仔兔黄尿病的兔舍可以每天消毒1次，连续消毒7天。

（二）转群或分娩前、空舍时的消毒

常采用福尔马林熏蒸，每立方米空间用福尔马林25毫升，水12.5升，两者混合后加入容器（要求是广口的）内，再放入高锰酸钾25克，关闭门窗消毒24小时，然后打开窗户通风透气，停留1天后再放入家兔；或用过氧乙酸熏蒸，每立方米空间1~3克，配制成3%~5%溶液，熏蒸时关闭门窗1~2小时。因稀释液不稳定，要现用现配。

五、污水与粪便污物消毒

1. 污水消毒　可在每立方米水中加漂白粉 8~10 克。

2. 粪便等污物消毒　常采用生物热发酵方法。在距兔场 200 米以外无居民、河流及水井而且土地干涸的地方，挖几个圆形或长方形的发酵池，坑壁、坑底拍打结实，最好用砖砌后再抹水泥，以防渗水。然后将每天清除的粪便及污物等倒入池内，直到快满时，在粪便表面铺上一层杂草，上面用一层泥土封好，经过 1~3 个月可达到消毒目的，取出后作肥料用。

六、饮水消毒

（一）饮水系统的消毒

对于封闭的乳头饮水系统而言，可通过松开部分的连接点来确认其内部的污物。污物可粗略地分为有机物（如细菌、藻类或霉菌）和无机物（如盐类或钙化物）。可用碱性化合物或过氧化氢去除前者或用酸性化合物去除后者，但这些化合物都具有腐蚀性。确认主管道及其分支管道均被冲洗干净。

1. 封闭的乳头或杯形饮水系统消毒　先高压冲洗，再将消毒液灌满整个系统，并通过闻每个连接点的化学药液气味或测定其 pH 值来确认是否被充满。浸泡 24 小时以上，充分发挥化学药液的作用后，排空系统，并用清水彻底冲洗。

2. 开放的圆形和杯形饮水系统消毒　用清洁液浸泡 2 ~6 小时，将钙化物溶解后再冲洗干净，如果钙质过多，则必须刷洗。将带乳头的管道灌满消毒药，浸泡一定时间后冲洗干净并检查是否残留有消毒药；而开放的部分则可在浸泡消毒液后冲洗干净。

（二）饮水消毒

兔饮水应清洁无毒、无病原菌，符合人的饮用水标准。生产中使用干净的自来水或深井水，但水容易受到污染，需要定期进行消毒。生产上常用的饮水消毒剂多为氯制剂、碘制剂和复合季铵盐类等。消毒药可以直接加入水箱中，用药量应以最远端饮水器或水槽中的有效浓度达该类消毒药的最适饮水浓度为宜。家兔喝的是经过消毒的水而不是喝的消毒药水，任意加大水中消毒药物的浓度或长期使用，除可引起急性中毒外，还可杀死或抑制肠道内的正常菌群，影响饲料的消化吸收，对家兔健康造成危害，另外影响疫苗防疫效果。饮水消毒应该是预防性的，而不是治疗性的，因此消毒剂饮水要谨慎行事。

七、垫料的消毒

兔使用的垫料可以通过阳光照射的方法进行消毒，这是一种最经济、最简单实用的消毒方法。将垫料放在烈日下，暴晒 2~3 小时，能杀灭多种病原微生物。对于少量的垫料，可以直接用紫外线灯照射 1~2 小时，可以杀灭大部分微生物。

八、发生疫病后的紧急措施

（一）立即隔离病兔

兔场一旦发生传染病后，应迅速将有病和可疑病兔隔离治疗。饲料、饮水和用具不得入内，在隔离场所进出口设置消毒池，防止疫情的扩散和传播。

（二）及时诊断

兔场发生疫病时，应及时组织人员现场会诊，得出准确的疫情报告，提出防制疫病的紧急补救措施。

（三）消毒杀菌

当疫病已在本场发生或流行时，应对疫区和受威胁的兔群进行紧急疫情扑灭措施。对被污染的兔笼、饲料、食槽、饮水器、各种用具、衣服、粪便、环境和全部兔舍用 1%~3%的热碱溶液、3%~5%苯酚溶液、3%~5%来苏儿和 10%~20%石灰乳消毒。目前常用的还有过氧乙酸和毒杀等新的消毒药，切断各种传播媒介。

（四）紧急预防接种

有的传染病可用药物进行预防性治疗。如兔巴氏杆菌病可用青霉素、链霉素、磺胺药进行防制。与此同时，必须加强饲养管理，增加有营养的饲料，提高兔群的抵抗力。

（五）挽救病兔，减少损失

兔场发生传染病后，保护健康兔、挽救病兔和净化兔场的工作应同时全盘开展，刻不容缓。治疗病兔的目的在于通过消除传染源，净化环境，减少兔场损失，同时为今后工作积累新的经验。及时安全处理病兔和死兔，有价值的种兔需要精心治疗，没有价值的应及时淘汰，妥善处理或深埋或烧毁处理，不得食用和作为商品兔出售。

兔场发生传染病，尤其是烈性传染病，常给兔场带来重大危害，有的甚至在短时间内全军覆灭，造成惨重的经济损失，所以一旦发现应及时处理。

第二章 兔场的防疫

第一节 兔场建设要科学

一、场址选择

（一）地势地形

兔场场址应选在地势高、有适当坡度、背风向阳、地下水位低、排水良好的地方。低洼潮湿、排水不良的场地不利于家兔体热调节，反而有利于病原微生物的生长繁殖，特别是适合寄生虫（如螨虫、球虫等）的生存。为便于排水，兔场地面要平坦或稍有坡度。

地形要开阔、整齐、紧凑，不宜过于狭长或边角过多，以便缩短道路和管线长度，提高场地的有效利用，节约资金和便于管理，可利用天然地形、地物（如林带、山岭、河川等）作为天然屏障和场界。

（二）土壤土质

理想的土质为砂壤土，其兼具砂土和黏土的优点，透气透水性好，雨后不会泥泞，易于保持适当的干燥。其导热性差，土壤温度稳定，既利于家兔的健康，又利于兔舍的建造和延长使用寿命。

（三）水源及水质

一般兔场的需水量比较大，如家兔饮水、兔舍笼具清洁卫生用水、种植饲料作物用水以及日常生活用水等，必须要有足够的水源。同时，水质状况如何，将直接影响家兔和人员的健康。因此，水源及水质应作为兔场场址选择优先考虑的一个重要因素。水量不足将直接限制家兔生产，而水质差，达不到应有的卫生标准，同样也是家兔生产的一大隐患。生产和生活用水应清洁无异味，不含过多的杂质、细菌和寄生虫，不含腐败有毒物质，矿物质含量不应过多或不足。较理想的水源是自来水和卫生达标的深井水；江河湖泊中的流动活水，只要未受生活污水及工业废水的污染，稍作净化和消毒处理，也可作为生产生活用水。

水质标准要求见表 2. 1。

表 2. 1　水源水质标准表

项目		标准值	
		畜	禽
感官性状及一般化学指标	色（°）	色度不超过 30°	
	浑浊度（°）	不超过 20°	
	异味	不得有异臭、异味	
	肉眼可见物	不得含有	
	总硬度（以 $CaCO_3$ 计），毫克/升	1 500	
	pH 值	5. 5~9	6. 4~8. 0
	溶解性总固体，毫克/升	4 000	2 000
	氯化物（以 Cl^- 计），毫克/升	1 000	250
	硫酸盐（以 SO_4^{2-} 计），毫克/升	500	250
细菌学指标	总大肠菌群，个/100 毫升	成年畜 10，幼畜和禽 1	

续表

项目		标准值	
		畜	禽
毒理学指标	氟化物（以 F^- 计），毫克/升	2.0	2.0
	氰化物，毫克/升	0.2	0.05
	总砷，毫克/升	0.2	0.2
	总汞，毫克/升	0.01	0.001
	铅，毫克/升	0.1	0.1
	铬（六价），毫克/升	0.1	0.05
	镉，毫克/升	0.05	0.01
	硝酸盐（以 N 计），毫克/升	30	30

（四）交通及周围环境

家兔生产过程中形成的有害气体及排泄物会对大气和地下水产生污染，因此兔场不宜建在人烟密集和繁华地带，而应选择相对隔离的偏僻地方，有天然屏障（如河塘、山坡等）作隔离则更好，但要求交通方便，尤其是大型兔场更是如此。大型兔场建成投产后，物流量比较大，如草料等物资的运进，兔产品和粪肥的运出等，对外联系也比一般兔场多，若交通不便，则会给生产和工作带来困难，甚至会增加兔场的开支。兔场不能靠近公路、铁路、港口、车站、采石场等，也应远离屠宰场、牲畜市场、畜产品加工厂及有污染的工厂。为了卫生防疫起见，兔场场址应与公路、铁路交通干线和居民区保持至少 500 米的距离；与其他养殖场及屠宰场、医院、学校等人口稠密的区域保持 1 000 米以上距离，并且处在居民区的下风口，尽量避免兔场成为周围居民区的污染源。避开风景名胜区、自然保护区的核心区和缓冲区。场址应靠近输电线路，电力安装方便，保证 24 小时供应，必要时还要自备发电机组。兔场要有专用车道直达，路宽，可以会车，路面硬化，且满足最大承载。

二、规划布局

（一）总体布局

兔场通常分为生活区、生产管理区、生产区、隔离区和粪便处理区。各区的顺序根据当地全年主导风向和兔场场址地势来安排（图 2.1、图 2.2）。

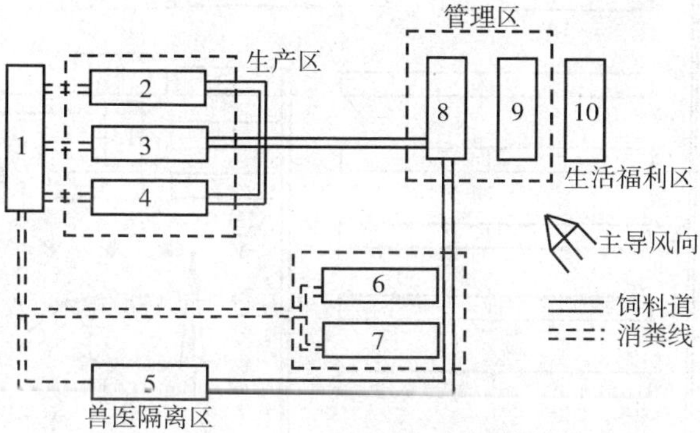

图 2.1　兔场规划布局草图

1. 粪便处理区　2. 幼兔舍　3. 育成舍　4. 繁殖舍　5. 病兔舍　6. 公兔舍　7. 母兔舍　8. 饲料加工区　9. 库房　10. 办公生活区

1. 生活区　是管理人员和家属日常生活的地方，独立设立。一般在生产区的上风向、偏风向，并且地势较高。包括食堂、宿舍、文娱和运动场所。

2. 生产管理区　是兔场生产管理必需的附属建筑物，有办公室、接待室、财务室、会议室、技术档案室、化验分析室（兽医室）、饲料加工车间、饲料贮存库、设备修理车间、变电室（发电室）、水泵房、锅炉房等。该区不宜距离生产区太远，在地势上，生产管理区应高于生产区，并在其上风向、偏风向。

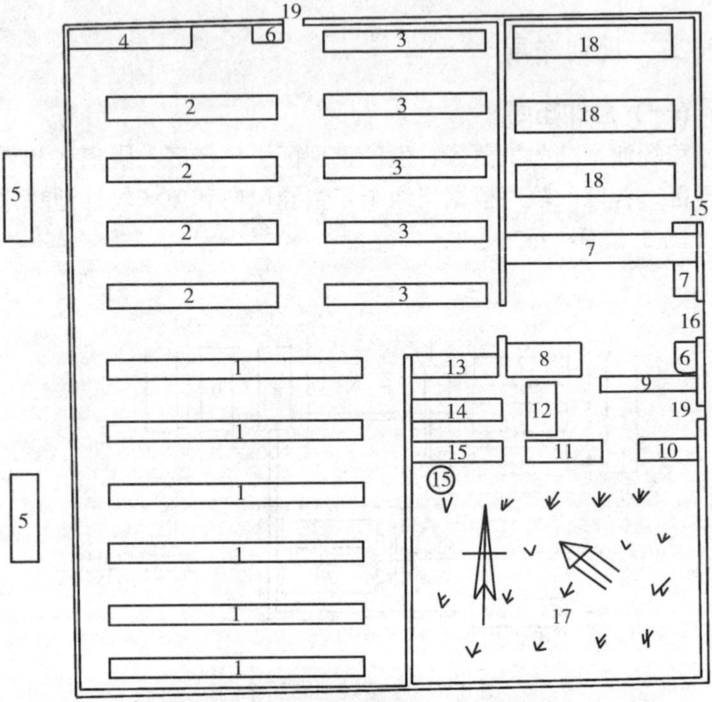

图 2.2 某兔场的平面布局示意图

1. 种兔舍 2. 繁殖舍 3. 后备育肥舍 4. 隔离舍 5. 蓄粪池 6. 警卫室 7. 办公室 8. 食堂 9. 车库 10. 配电室 11. 修理室 12. 饲料原料库 13. 饲料成品库 14. 饲料加工间 15. 锅炉房 16. 水塔 17. 果菜园 18. 宿舍 19. 门

3. 生产区 是兔场的主要建筑区，包括各类兔舍和生产设施，占全场总建筑面积的70%~80%，对外全封闭，禁止一切外来人员和车辆进入。生产区兔舍可细分为配种舍、妊娠舍、分娩舍、保育舍、生长育肥舍、种公兔舍、后备种（公、母）兔舍。种公兔区在种兔区上风向，分娩舍既要靠近妊娠舍，又要接近保育舍。后备种（公、母）兔舍、保育舍、生长育肥舍依次设在下风向、偏风向。各舍间要保持距离，并采取一定的隔离防疫措施。兔舍方向要与当地夏季主导风向呈 30°~60°角，可让每排兔舍在夏季获得最佳通风。在生产区的出入口设立专门的消毒间、消毒池，对进出生产区的人员和车辆进行消毒。

4. 隔离区 是引进种兔后进行隔离观察和病兔隔离治疗的区域，尸体解剖室等在此区。隔离区位置在整个兔场的下风向。

5. 污水粪便处理区 是焚烧炉、污水和粪便发酵处理或综合利用区。粪尿池的容量和处理应符合环保要求，防止污染环境。位置处在下风向。

6. 水源区 水量充足，水质符合国家饮用水标准要求。位置必须远离污水粪便处理区，防止水源污染。

7. 其他 绿化隔离，净道、污道分开，排雨、污水系统分开。

（二）局部布局

1. 基本原则 应从人和兔的健康角度出发，建立最佳的生产联系和卫生防疫条件。尤其在地势和风向上要进行合理布局，办公生活区要占全场的上风向和地势较好的地区，其他依次为管理区、生产区、兽医隔离区。

2. 兔舍朝向 朝向取南向，即兔舍纵轴与纬度平行，有利于冬季阳光照入舍内提高舍温，并可防止夏季强烈的光照，引起舍温升高。考虑到我国各地地形、通风和其他条件，可根据各地情况向东或向西偏转 15°。一般而言，为保证通风和采光，兔舍间距不应小于舍高的 1.5~2 倍。

3. 道路 有主干道与支干道，要求场内道路保持最短距离。场内道路要分净道和污道，二者不可通用或交叉。

4. 防疫设施

（1）场界防疫：兔场周围要有树木、沟壑等天然防疫屏障或建筑较高的围墙，以防场外人员或动物进入场内。隔离墙要求墙体严实，高度在 2.5~3 米，或沿场界周围挖深 1.7 米、宽 2 米的防疫沟，沟底和两壁硬化并放入水，沟内侧设置15~18米的铁丝网。

(2) 门口防疫：兔场大门、各区域入口处，特别是生产区入口处以及各兔舍门口，都要设立相应的消毒设施。如车辆消毒池、人用的脚踏消毒槽、消毒室等。车辆消毒池要有一定的深度，池子的长度应大于轮胎周长的2倍。

5. 化粪池　应设在生产区的下风向，与兔舍保持50米（有围墙时）或100米（无围墙时）的间距。

6. 兔场绿化　兔场绿化可改善小气候环境，净化空气，也可起到防疫防火的功能。场界周边种植乔木和灌木混合林带，场区设隔离林带，以分隔场内各区；道路两旁绿化。在靠近建筑物的采光地段，不应种植枝叶过密、过于高大的树种，以免影响兔舍采光。

7. 山地建场与平原建场　山地建场因山势不同布局各有不同，原则上要依山势而建，全面考虑拟选场址的坡势、主导风向、水源、光照后，科学规划兔场各区的位置，从人和家兔的保健出发，确定生产区、生活区的有机联系；不仅安排好员工的工作、生活，而且特别重视兔的生产防疫，合理利用有限区间。

平原建场因为没有地形的局限，更能合理布局各区位置，借鉴规范场布局的成功经验，规避不足。

第二节　兔舍的环境要求与环境控制

一、兔舍环境要求

应便于实施科学的饲养管理，以减轻劳动强度，提高工作效率。固定式多层兔笼总高度不宜过高，为便于清扫、消毒，双列式道宽以 1.5 米左右为宜，粪水沟宽应不小于 0.3 米。家兔的环境卫生指标，应根据家兔的生理习性来制定。

1. 温度　兔汗腺极不发达，长毛兔体表又有浓密的被毛，所以对环境温度非常敏感。仔兔的最适温度为 30~35℃，幼兔为 20~25℃，成年兔为 15~20℃。建舍时要考虑环境温度。长毛兔对低温有较强的耐受力，健康兔在-20~-39℃环境条件下仍能生存，不会冻死。不过为维持体温，需消耗较多营养，如不能满足所需营养，则对产毛和增重都有明显影响。据试验，长毛兔采毛前后对环境温度的要求差别较大。采毛前因被毛长密，体热散失少；采毛后因体表毛短，体热放散可增加 30%以上。

2. 相对湿度　兔性喜干燥环境，最适宜的相对湿度为 60%~65%，一般不应低于 55%或高于 70%。高温高湿和低温高湿环境对兔有害，既不利于夏季散热，也不利于冬季保温，还容易感染体内外寄生虫病等。生产实践表明，空气相对湿度过大，常会导致笼舍潮湿不堪，污染被毛，影响兔毛品质；有利于细菌、寄生虫繁殖，引起疥癣、湿疹蔓延；反之，兔舍空气过于干燥，长期湿度过低，同样可导致被毛粗糙，兔毛品质下降，肉兔长肉也慢；引起呼吸道黏膜干裂，而招致细菌、病毒感染等。

3. 通风　通风是调节兔舍温湿度的好方法。通风还可排除兔舍内的污浊气体、灰尘和过多的水汽，能有效地降低呼吸道疾病的发病率。兔排出的粪尿及污染的垫草，在一定温度条件下可分解散发出氨、硫化氢、二氧化碳等有害气体。兔是敏感性很强的动物，对有害气体的耐受力比其他动物低，当兔处于高浓度的有害气体环境条件下，极易引起呼吸道疾病，加剧巴氏杆菌病、传染性感冒等的蔓延。

通风方式一般可分为自然通风和机械通风两种。小型兔场常用自然通风方式，利用门窗的空气对流或屋顶的排气孔和进气孔进行调节；大中型兔场常采用抽气式或送气式的机械通风，这种方式多用于炎热的夏季，是自然通风的辅助形式。

冬季必须保证每千克活兔每小时 1 立方米的新鲜空气通风量，这些风量必须通过风机负压来均衡实现，不能间断提供，否则真菌皮肤病和鼻炎等疾病会在第二年春天暴发。夏天也不是通风越大越好，过大不但不能降低温度反而会提高温度，因为风速超过 1.8 米/秒时，湿帘就会降低或失去降温作用，另外过大风速会对兔产生不利影响。

4. 光照 光照对兔的生理功能有着重要调节作用。适宜的光照有助于增强兔的新陈代谢，增进食欲，促进钙、磷的代谢作用；光照不足则可导致兔的性欲和受胎率下降。此外，光照还具有杀菌、保持兔舍干燥和预防疾病等作用。生产实践表明，公、母兔对光照要求是不同的。

5. 噪声 噪声是重要的环境因素之一。据试验，突然的噪声可导致妊娠母兔流产，哺乳母兔拒绝哺乳，甚至残食仔兔等严重后果。噪声的来源主要有三方面：一是外界传入的声音；二是舍内机械、操作产生的声音；三是兔自身产生的采食、走动和争斗声音。兔如遇突然的噪声就会惊慌失措，乱蹦乱跳，蹬足嘶叫，导致食欲减退甚至死亡等。

6. 灰尘 空气中的灰尘主要有风吹起的干燥尘土和饲养管理工作中产生的大量灰尘，如打扫地面、翻动垫草、分发干草和饲料等。灰尘对兔的健康和兔毛品质有着直接影响，灰尘降落到兔体表，可与皮脂腺分泌物、兔毛、皮屑等粘混在一起而妨碍皮肤的正常代谢，影响兔毛品质；灰尘吸入体内还可引起呼吸道疾病，如肺炎、支气管炎等；灰尘还可吸附空气中的水汽、有毒气体和有害微生物，产生各种过敏反应，甚至感染多种传染性疾病。

7. 绿化 绿化具有明显的调温调湿、净化空气、防风防沙和美化环境等重要作用。特别是阔叶树，夏天能遮阴，冬天可挡风，具有改善兔舍小气候的重要作用。根据生产实践，绿化工作搞得好的兔场，夏季可降温 3～5℃，相对湿度可提高 20%～30%。种植草地可使空气中的灰尘含量减少 5%左右。

二、兔舍的环境控制

（一）绿化环境

兔场的绿化，不但可以美化环境，还可以减少污染和噪声。

1. 改善场内小气候　绿化可以缓和严冬时的温差，夏季树木可以遮挡并吸收阳光辐射，降低兔场气温；绿化可增加小环境空气相对湿度；绿化可降低风速，减少寒风对兔生产的影响。

2. 净化空气　兔场排出的二氧化碳比较集中，树木和绿草可吸收大量的二氧化碳，同时释放出大量的氧气。植物还能吸收大气中的二氧化硫、氟化氢等有害气体。据调查，有害气体经过绿化地区后至少有 25%被阻留净化。

3. 减少微粒　绿化林带能净化、澄清大气中的粉尘。在夏季，空气穿过林带时，微粒量下降 35.2%～66.5%，微生物减少 21.7%～79.3%。草地可吸附空气中的微粒，固定地面上的尘土，减少扬尘。

4. 减少噪声　树木及植被对噪声具有吸收和反射作用，可以减弱其强度。树叶的密度越大，则减音的效果越显著，因此兔场周边栽种树冠大的乔木，可减弱噪声对周围居民及兔的影响。

5. 减少空气及水中的细菌含量　森林可使空气中的微粒量大为减少，因而使细菌失去了附着物，数量也相应减少；同时，某些树木的花、叶能分泌芳香物质，可以杀死细菌、真菌等。

6. 防疫、防火作用　兔场外围的防护林带和各区域之间种植隔离林带，都可以防止人、畜任意来往，减少疫病传播的机会。由于树木枝叶含有大量的水分，并有很好的防风隔离作用，可以防止火灾蔓延。

（二）控制和消除空气中的有害物质

大环境和小气候的空气污染给兔场生产带来不良影响。空气中的有害物质大体分为有害气体、有害微粒和有害微生物三大类。

1. 有害气体 兔舍中的有害气体主要有氨气、硫化氢、一氧化碳、二氧化碳等。控制和消除舍内有害气体必须采取综合措施，即做好兔舍卫生管理，兔舍内合理的除粪装置和排水系统，可及时清除粪尿污水，兔舍要防潮和保暖，合理通风。

2. 有害微粒 兔舍空气中经常飘浮着固态和液态的微粒，微粒分为尘、烟、雾三类。微粒对畜禽的危害主要表现在：微粒落于体表，与皮脂腺分泌物、细毛、微生物等粘在皮肤上，引起皮肤炎症，还能堵塞皮脂腺的出口，汗腺分泌受阻，散热功能降低；大量的微粒对兔呼吸道黏膜产生刺激作用，如微粒中携带病原微生物，可使兔感染。兔场内、外绿化可有效减少空气中微粒；禁止干扫兔场，及时通风换气，排除舍内的微粒。

3. 有害微生物 兔舍内空气中的微生物大体可分为三大类：第一类是舍外空气中常见的微生物，如芽孢杆菌属、无色杆菌属、细球菌属、酵母菌属、真菌属等，它们在扩散过程中逐渐被稀释，致病力减弱；第二类是病原微生物，随着呼吸进入兔机体，引起各种疾病；第三类是空气变应源污染物，是一种能激发变态反应的抗原性物质，常见的有饲料粉末、花粉、皮垢、毛屑、各种真菌孢子等。严格的消毒制度是控制和消除空气中微生物的有力措施，平时要保证兔舍通风换气、清洁卫生，及时清除粪尿和垫草，并进行消毒处理。

（三）防止噪声

噪声会使兔受到惊吓，引起外伤；长时间的噪声会使家兔体质下降，影响生长发育，甚至死亡。为减少噪声，建场时尽量远离噪声源，场内规划要合理，使汽车、拖拉机等不能靠近兔舍；选择性能稳定、噪声小的机械设备；种树种草降低噪声。

（四）加强环境卫生的监测

监测环境卫生是为了查明污染状况，以便采取有效的改善措施。

1. 空气环境监测　主要包括温度、湿度、气流方向及速度、通风换气量、照度等。同时，还必须监测空气中的氨气、硫化氢、二氧化碳等的含量。必要时可监测噪声、灰尘等。

2. 水质监测　水质监测内容应根据供水水源性质而定，自来水和地下水化学检测指标有 pH 值、总硬度、溶解性总固体、氯化物、硫酸盐；细菌学指标有总大肠菌群；毒理学指标有氟化物、氰化物、总汞、总砷、铅、六价铬、镉、硝酸盐。

3. 土壤监测　土壤可容纳大量污染物，土壤监测项目有硫化物、氟化物、酚、氰化物、汞、砷、六价铬、氮化物、农药等。

第三节　建立健康兔群

一、坚持自繁自养

坚持“自繁自养”的原则是控制传染病的有效途径。通过以下方式获得健康兔群：选留健康的良种公兔与母兔做种兔，反复多次检疫，淘汰病兔和带菌“毒”兔，逐步实现相对无病；反复多次驱虫，以达到基本无虫；加强一般性的预防措施，严密控制传染源的侵入。经过 3~5 年的定向选育，培育健康兔群。也可利用杂交一代的杂种优势，提高种兔的品质和仔兔的成活率，以降低养兔的成本。

二、建立消毒制度

养兔场应建立严格的消毒制度，一般兔舍、场地及环境每天都应清扫；兔笼、用具等要清洗干净，而且要经常消毒；每月进行重点消毒 1 次，每季度进行大清扫、大消毒 1 次。在消毒之前，彻底清扫粪便和垫草，以提高消毒效果。根据不同的消毒对象，选用不同的消毒药和不同的消毒方法。

三、经常观察兔群

每天喂料和清粪时，要注意观察兔的采食、精神和粪便有无异常。发现异常及时采取隔离、防制措施，而且要反复多次检疫、驱虫，及时淘汰病兔、带菌兔，以达到基本无病，逐步实现建立相对无病群的目的。

四、制定合理的防疫隔离制度

（一）兔场生物安全隔离措施

在修建兔场时，应考虑好把兔场置于一个相对安全的环境中，即做好兔场的生物安全隔离措施。

1. 场址选择 应远离其他兔场、交通要道和居民区，地势高燥，便于排水，水源充足，并建在上风区。特别要远离屠宰场、肉类加工厂、皮毛加工厂、活畜交易市场等污染可能性大的地方。

2. 建立隔离带 兔场应建围墙，有条件的在场周围要设防疫沟和防疫隔离带，兔舍间相隔一定距离；在兔舍与兔舍之间、道路两旁种植植物，可以建立起植物安全屏障，对阻断病原微生物、净化空气和防暑降温都有一定作用。

3. 合理布局 生产区、管理区和生活区应严格分开，在管理区和生产区之间要设置消毒通道。饲料运送道与粪尿污物运送道要分开。饲料加工间应建在全场上风区，粪尿池、堆粪处和毁尸坑要建在生产区外，处于下风区。粪尿沟尽量走向舍外，粪尿集中处理。

（二）引种隔离

对新引进兔群要进行至少 2 周以上的隔离观察，隔离观察期间应每天注意查看兔的精神、食欲等状况，发现有病的兔应立即从兔群中挑出，隔离。经 2 周以上隔离观察的健康兔进行必要免疫后，方可进入生产区。隔离场的工作人员仅在隔离场工作，不能进入正常生产区与其他兔接触。

（三）病兔的隔离

隔离病兔是防制传染病发生后继续扩散的重要措施之一。通过隔离病兔能很好地控制传染源，缩小疫情发生范围。发现病兔后，若数量较少，可将病兔转入隔离舍，且专人饲养，严加护理和观察、治疗。同时对粪污、所用用具以及可能接触过的物品进行彻底消毒。如果场内只有少数几只兔患病，为了迅速扑灭疫病，可以采取扑杀病兔的方式。如果病兔数量多，就将病兔集中隔离在原来的兔舍内，进行严格的消毒，专人饲养和治疗。

五、定期驱虫

定期驱虫具有消灭传染源，防止病源扩散和治疗病兔的双重意义。因此，应在春秋两季进行全群驱虫。丙硫咪唑具有高效低毒、广谱的特点，是春秋驱虫的首选药物，可以驱除线虫、绦虫、绦虫蚴和吸虫。同时，仔兔最易暴发兔球虫病，死亡率高，应重点预防，以提高仔兔成活率。仔兔从断奶到 3 月龄止，每日服用氯苯胍 1 片，可以收到良好的预防效果。另外，兔螨病是危害养兔业的严重寄生虫病，预防和根治此病比较困难，因兔不耐药浴，只能通过定期全面普查，发现病兔及时治疗，才能有效地防止该病的发生。

但大群驱虫时应注意三点：①使用驱虫药剂量要准确。②用药后对兔群进行严格观察，对出现副作用的病兔及时解救。③驱虫同时要加强粪便的无害化处理，防止病源扩散。

第四节　兔场饮水与饲料的卫生安全控制

一、家兔饮水的卫生安全控制

（一）家兔饮水的卫生要求

水是家兔不可缺少的营养成分，在养分的消化吸收、代谢废物的排泄、血液循环和调节体温等方面，水分起着重要的作用。因此，为保证家兔健康，人类肉食品卫生安全，家兔饮用水一定要足量和符合《无公害食品 畜禽饮用水水质》(NY 5027—2008)。

（二）防止饮水污染的措施

1. 兔舍建筑设计合理　兔舍要建在地势高燥、排水方便、水质良好处，要远离居民区、工厂和其他畜牧场，特别要远离屠宰场、肉类和畜产品加工厂。大型兔场可自建深水井和水塔，深层地下水经过地层的渗滤作用，又属于封闭性水源，水质水量稳定，受污染的机会很少。

2. 注意保护水源　经常巡察、掌握水源周边或上游有无污染情况，水源附近不得建厕所、粪池、垃圾堆、污水坑等，井水水源周围30米、江河水取水点周围20米、湖泊等水源周围30~50米范围内应划为卫生防护地带，四周不得有任何污染源。兔舍与井水水源间应保持30米以上的距离，最易造成水源污染的区域和病兔舍、化粪池或堆肥场更应远离水源地；化粪池应做无害化处理，排放时防止流入或渗进饮水水源。

3. 做好饮水卫生　经常清洗饮水用具，保持饮水器（槽）清洁卫生，最好用乳头式饮水器代替槽式或塔式饮水器，尽量饮用新鲜水，陈旧水应及时弃掉。饮水中应加入适当的消毒药，以杀灭水中的病原微生物。

4. 定期检测水样 定期取样检查饮水，饮水污染严重时，要查找原因，及时解决。

5. 做好饮水的净化与消毒处理

（1）净化：当水源水质较差，不符合饮水卫生标准时，需要进行净化处理。地面水一般水质较差，需经沉淀、过滤和消毒处理。地面水源常含有泥沙、悬浮物、病原微生物等，在水流减慢或静止时，泥沙、悬浮物等靠重力逐渐下沉，但水中细小的悬浮物，特别是胶体微粒因带有负电荷，相互排斥不易沉降。因此，必须添加混凝剂，混凝剂溶于水中形成带正电荷的胶粒，可吸附水中带负电荷的胶粒及细小悬浮物，形成大的胶状物沉淀。这种胶状物吸附能力强，可吸附水中大量的悬浮物和细菌等一起沉降，这就是水的沉淀处理。

（2）消毒：经沉淀过滤处理后，水中微生物数量大大减少，但其中仍会存在一些病原微生物，为防止疾病通过饮水传播，还必须进行消毒处理。消毒的方法很多，其中加氯消毒法，投资少，效果好，比较常采用。氯在水中形成次氯酸，次氯酸可进入菌体，破坏细菌的糖代谢而使其致死。加氯消毒效果与水的 pH 值、浑浊度、水温、加氯量及接触时间有关。大型集中式给水，可用液氯配成水溶液加入水中；小型集中式给水或分散式给水，多采用漂白粉消毒。

6. 做好污水处理与排放工作 兔场卫生防疫产生的污水必须经过严格消毒后，方可排放。兔舍冲洗清洁产生的污水要在场外通过水的自净作用（沉降、逸散、日光照射、有机物分解等）和无害化处理后，方可排放。

二、家兔饲料的卫生安全控制

（一）家兔精饲料质量安全控制

随着工业饲料每年以超越 GDP（国内生产总值）增速的高

速增长，国内饲料原料相对比较紧张，价格也在不断攀升。与此同时，自2012年5月1日起，新《饲料和饲料添加剂管理条例》正式实施，国家进一步提高了饲料原料的使用要求和规范，并对添加剂和药物做出了许多限制。要保证饲料的安全性，首先要保证饲料原料的质量安全控制。

1. 通过采购程序控制 目前市场上原料掺假事例屡见不鲜，掺假造假的手段、方法越来越高明，掺假的物质也越来越复杂，饲料生产企业和养殖户对此防不胜防，给饲料质量和畜禽及水产品安全带来了很大的隐患。一些大型的饲料企业购置气相、液相等仪器进行检验，技术要求高、费用大，多数中小企业难以普及运用。探讨源头的控制程序，把好原料质量关，对于有效控制饲料质量尤为重要和必要。

（1）原料采购计划和质量控制指标的制订：企业首先根据生产计划议定原料采购计划和备选供货商，制定原料质量企业控制标准和检验项目。玉米应重点控制水分、容重、霉粒比例和杂质比例；小麦要控制水分、容重；糠麸控制新鲜度和蛋白质成分；豆粕重点是粗蛋白质、蛋白溶解度、尿酶活性和掺假成分；棉粕、菜粕重点是粗蛋白质和掺假成分；鱼粉重点是感观、粗蛋白质、真蛋白质、盐分和掺杂成分；其他动物性饲料重点是感观、粗蛋白质和微生物。

（2）供货商资质审定：备选供货企业应具备相应的生产经营资质，具备有效的营业执照，其生产、经营范围应包括饲料、添加剂等项目。非动物源性单一饲料应取得省级饲料管理部门颁发的饲料审查合格证；饲料添加剂应取得农业部颁发的生产许可证；添加剂预混合饲料应取得农业部颁发的生产许可证；动物源性原料产品应取得省饲料管理部门颁发的动物源性产品卫生合格证。

质量体系认证情况：包括ISO质量管理体系的认证、HACCP认证情况等，并提供相应证书。

现场考察：对于新供货企业，采购人员应深入现场考核生产、经营条件；必要时现场取样检测。

信誉度调查：向当地饲料、工商管理部门咨询，了解企业生产、质量管理情况，索取质量抽检报告，调查客户对产品质量的反映，评估企业及产品的市场信誉度。

综合拟供货企业各方面情况进行审定，确定是否列入供货企业。对无证、无照、管理部门挂牌督查的企业坚决排除。对新供货企业首次必须认真审定，老供货企业每年进行1~2次评审。

（3）原料质量评估：对大宗原料应索取产品检测报告和合格证；饲料添加剂和添加剂预混料产品应索要产品批准文号的批件、产品执行标准、产品检验合格证和产品标签；首次采购非常规原料的应索取产品说明及相关资料，对产品安全、营养水平进行评估，必要时进行试用；重要原料和大批量原料应进行送检。

（4）采购评议和协议：采购、品管、财务等部门对供货商资质、市场信誉、原料质量、同行价格进行综合分析，拟定采购方案，报送企业负责人批准。重要原料和大批量原料应每批进行；辅料应定期进行。

签订购销协议，协议应明确质量标准、数量、价格、供货时间、供货方式、付款方式、违约责任、不含国家规定禁用物品的承诺等，一批一协议。

（5）供货商档案：为提高原料质量的可追溯性及稳定的供货渠道，应建立供货商的档案。主要包括：营业执照复印件；生产许可证（审查合格证）复印件；市场信誉调查记录；产品批准文号批件复印件；产品执行标准复印件；产品检验合格证；产品标签；产品检验报告复印件；报价单；协议；发货单；供货商地址、联系人、电话、传真、网址等；留存样品；现场考核记录等。一个供货商建立一本案卷。

2. 通过产品鉴别技术控制

(1) 饼、粕类饲料原料掺假的鉴别。

①感官鉴别。优质大豆粕（饼）色泽新鲜一致，粕呈浅黄褐色或淡黄色，饼呈黄褐色；呈不规则的碎片状，饼呈饼状或小片状，无发酵、霉变、虫蛀及杂物；具有烤黄豆香味，无酸败、霉坏焦化等味道，无生豆味。而劣质大豆粕（饼）颜色深浅不一，加热过度颜色太深，加热不足颜色太浅；大小不均，有结块(粕)，有霉变、虫蛀并有掺杂物；有霉味、焦化味或生豆臭味。

②显微镜鉴别。取被检大豆粕（饼）于30~50倍显微镜下观察，如掺有棉籽饼，可见样品中散布有细短绒棉纤维，卷曲、半透明、有光泽、白色；混有少量深褐色或黑色的棉籽外壳碎片，壳厚且有韧性，在碎片断面有浅色和深褐色相交叠的色层。

③化学鉴别。取被检大豆粕5~10克于烧杯中，加入100毫升四氯化碳，搅拌后放置10~20分钟，大豆粕漂浮在四氯化碳表面，而沙土沉于底部。将沉淀物灰化，以稀盐酸煮沸，如有不溶物即为沙土。

取被检大豆粕（饼）3克于烧杯中，加10%盐酸20毫升，如有大量气泡产生，则样品中掺有石粉、贝壳粉。

纯豆粕粗灰分含量应≤8%，掺入大量沸石粉类物质后，粗灰分含量就会大大提高。粗灰分是饲料高温灼烧后剩余的残渣。根据灼烧后残渣的多少，可初步判定该豆粕有无掺假。

④容重鉴别。饲料原料中假如含有掺杂物，体积质量就会改变（变大或变小）。因此，测定体积质量也可判定豆粕有无掺假。一般纯豆粕体积质量为594.1~610.2克/升，超出此范围较多，说明该豆粕掺假。

(2) 蛋氨酸的掺假鉴别。

①外观鉴别。蛋氨酸是经水解或化学合成的单一氨基酸。一般呈白银或淡黄色的结晶性粉末或片状，在正常光线下有反射光

发出。市场假蛋氨酸多呈粉末状，颜色多为纯白色或浅白色，正常光线下没有反射光或只有零星反射光发出。

②手感鉴别。蛋氨酸手感油腻，无粗糙感觉；而掺假蛋氨酸一般手感粗糙，不油腻。

③气味、口味鉴别。蛋氨酸具有较浓的腥臭味，近闻刺鼻，口尝有少许甜味；而掺假蛋氨酸味较淡或有其他气味。

④pH 试纸法。蛋氨酸灼烧产生的烟为碱性气体，有特殊臭味，可使湿的广泛试纸变蓝色；假的灼烧时往往无烟（如用石粉、石膏粉冒充时），或者产生的烟使湿的广泛试纸变红（如用淀粉冒充时）。

⑤溶解法。蛋氨酸易溶于稀盐酸和稀氢氧化钠，略难溶于水，难溶于乙醇，不溶于乙醚。取约 5 克样品用 100 毫升蒸馏水溶解，摇动数次，2~3 分钟后，溶液清亮无沉淀，则样品是蛋氨酸；如溶液混浊或有沉淀则样品不是蛋氨酸或是掺假蛋氨酸。

⑥掺入植物成分的检查。蛋氨酸的纯度达 98.5%以上且不含植物成分；而许多掺假蛋氨酸含有大量面粉或其他植物成分。检验方法如下：取样品约 5 克加 100 毫升蒸馏水溶解，然后滴加碘-碘化钾溶液，边滴边晃动，此时溶液仍为无色，则该样品中没有面粉或其他植物成分，是真正蛋氨酸；如果溶液变为蓝色，说明该样品中含有面粉或其他植物成分，是掺假蛋氨酸。

⑦颜色反应鉴别。取约 0.5 克样品加入 20 毫升硫酸铜饱和溶液，如果溶液呈黄色，则样品是真蛋氨酸；如果溶液无色或呈其他颜色，样品是假蛋氨酸。

（3）赖氨酸的掺假检查：赖氨酸属高价原料，掺假情况较为严重，掺假的材料基本同蛋氨酸掺假的材料一样。

①外观鉴别。赖氨酸为灰白色或淡褐色的小颗粒或粉末，较均匀，无味或稍有酸味。假冒赖氨酸色泽异常，气味不正，个别有氨水刺激味或芳香气味，手感较粗糙，口味不正，具有杂样

涩感。

②溶解度检验。取少量样品加入100毫升水中，搅拌5分钟后静置，能完全溶解无沉淀物为真品，若有沉淀或漂浮物，即为掺假和假冒产品。

③pH试纸法。赖氨酸燃烧产生的烟为碱性气体，并散发出一种难闻的气味，可使湿的广泛试纸变蓝色；掺假的赖氨酸燃烧时往往无烟（如用石粉、石膏粉冒充时），或者产生的烟使湿的广泛试纸变红（如用淀粉假冒时）。

④颜色反应鉴别。取样品0.1~0.5克，溶于100毫升水中，取上液5毫升加入1毫升0.1%茚三酮溶液，加热3~5分钟，再加水20毫升，静置15分钟，溶液呈红紫色即为真品，否则为假冒产品。

⑤掺入植物成分的检查。取样品5克，加100毫升蒸馏水溶解，然后滴加1%碘-碘化钾溶液1毫升，边滴边晃动，此时溶液仍为无色，则该样品中没有植物性淀粉存在，即为真赖氨酸；如溶液变为蓝色，则说明该样品中含有淀粉，为掺假的赖氨酸。

⑥掺入碳酸盐的检查。称取约1克样品置于100毫升烧杯中，加入1∶2盐酸溶液20毫升，如样品有大量气泡冒出，说明其掺有大量碳酸盐，如无则为真赖氨酸。

3. 通过仓储管理控制

（1）验货入库：原料入库时应认真核对原料品名、规格、数量、重量；生产日期、供货单位、生产单位、包装、标签等，应与供货协议一致，原料包装完好无损，无受潮、虫蛀，并做详细登记。分区、分类、分期码放，留足物流通道。未检验的标示待检原料；检验合格后改标可使用原料（绿牌）和暂不发原料（黄牌），不合格原料标示禁用（红牌），并及时出库。

入库原料水分含量应在安全线以下。如散装堆贮，堆厚不应超过3米，且每隔2米设一通气孔；袋装堆贮时，垛高可达3

米，垛与垛之间留一人行道，以便检查温度和防止自燃。在拿取原料时，要从一端取用；动物性饲料及化工合成的原料，应开启一袋用完一袋，如一时用不完，应将袋口扎严，不使透气。

对流散性强而干燥的大宗原料，一般采用圆桶仓贮藏。在原料水分高于14%，相对湿度大于80%，气温高于30℃的持续高温天气下，应每天测定圆桶仓的料温。对于原料水分含量在14%以下的原料，在天气干燥晴朗时，应每周鼓风1~2次；原料水分在14%以上时，应天天鼓风；在相对湿度高于80%的阴雨天气，应禁止鼓风。原料水分过高、仓储时间较长、气温渐高的季节，应及时倒仓处理，以降低原料水分含量。

露天存放处的箱装、袋装原料，存放位置应平坦而高于地平面，以便于排水、运输和消防。其地面应为具防潮层的水泥地板，必要时应加托盘或垫以帆布，堆放原料后应加盖防雨帆布或架设顶棚，以防止雨淋、风蚀等。

对于部分结块、发热、有轻微异味的原料可立即进行散热处理，有条件的应进行挤压膨化处理；对于已经有轻度霉变的饲料原料，在使用时可添加专用的霉菌毒素吸附剂或添加一定量沸石粉、黏土等进行毒素的吸附。必要时可根据水分与季节，添加一定量的在“允许使用添加剂目录”中的防霉剂，防止霉变和滋生害虫。如果霉变严重则应坚决不用。

（2）检验、留样：对原料进行抽检，检验项目根据企业制定的原料质量控制要求进行。每批原料样品留存，妥善保管，并做详细登记，以备溯源。

（3）仓库管理：设置货位卡，包括品种、供货单位、进货日期、进货数量、出库时间、数量、生产单位和检验结果等信息，标识明显。遵循先进先出、后进后出的原则发货。发货时核对发货单：品种、数量。定期检查：防潮、防鼠、防鸟、防污染，发现异常及时上报评估；超出保质期的原料须检验评估后再使用；有毒性的原料需要双人管理。建立原料库存明细台账。

（4）原料的贮藏管理：原料库地面和墙壁应做防潮处理，夏季库温在 30℃以下，相对湿度不超过 75%，并应通风干燥、隔热、无鼠洞，避免光照，不漏雨。

玉米含有较多的不饱和脂肪酸，加工成粉状后，容易腐败变质，不能长久贮存，若想长期保存，应尽量以原粮的形式贮藏。

米糠中含有较多的不饱和脂肪酸，容易腐败变质，应新鲜使用。花生饼、蚕蛹、肉粉、肉骨粉、鱼粉等蛋白质原料，因含有较多的脂肪，夏秋季节易腐败变质，不耐贮藏，必须新鲜使用。尤其是花生饼最容易寄生黄曲霉菌，产生黄曲霉毒素，既危害动物，又会通过畜产品等影响人的健康，还有诱发癌症的危险。蚕蛹、肉粉、肉骨粉、鱼粉等动物性饲料，如果保存不当，极易被肉毒梭菌和沙门杆菌污染，动物采食后会引起细菌毒素中毒。豆腐渣、粉渣含水量很大，在夏秋季节容易发酵变质，须新鲜使用；要想延长保存时间，应将其晒干后贮藏。另外，豆腐渣中含有抗胰蛋白酶，可产生致甲状腺肿的物质、皂素和血凝集素等不良物质，影响其适口性和消化率，不宜生喂，必须煮熟后使用。

因为稳定性不好，大部分饲料在长时间保存后，会丧失一部分维生素，因此，饲料贮藏时间不要太长。同样道理，一些饲料添加剂也不能长期保存，如在 25℃环境中保存 2 年，维生素 B_6 会丧失 10%，维生素 B_{12} 会丧失 5%；在 35℃环境中保存 2 年，维生素 B_6 会丧失 25%，维生素 B_{12} 会丧失 60%。所以，这些饲料添加剂要尽量现购现用。

4. 通过合理使用饲料药物添加剂控制

（1）严格执行有关法律法规：在生产含有药物饲料添加剂的饲料产品时，必须严格执行《饲料药物添加剂使用规范》，按法规要求，根据对象选用抗病原活性强、化学性质稳定、毒性低、安全范围大，而无致突变、致畸变及致癌变等副作用的抗生素；严格控制使用剂量，保证使用效果，防止不良反应；认真执行《饲料标签》标准的规定，在产品标签上必须标注“含有药物饲料添加剂”字样；标明所添加药物的法定名称、准确含量、配伍禁忌、停药期及其他注意事项。

（2）药物添加剂必须要预先制成预混剂，再添加到饲料中使用：同一种饲料产品中尽量避免多种药物合用，确要复合使用时，应遵循药物的配伍原则，并且药物在使用一段时间后，应作变更，以减少长期使用同种药物对畜禽造成耐药性。

（3）加药饲料和不加药饲料分开生产：在生产加工饲料过程中，应将加药饲料和不加药饲料分开生产，以免污染不加药饲料。在加药饲料的生产过程中，对药物的添加要加强管理，专人负责药物添加，有详细的加药记录；注意经常校正计量装置，称量准确；注意清理生产系统的残留物，以防止物料的相互污染。

（二）肉兔饲草产品卫生质量控制

饲草产品是用于生产绿色畜产品的一类重要家畜饲料，特别是肉兔的饲草。饲草产品中的有毒有害物质（如霉菌、农药残留等）经过家畜食用残留在肉类或牛奶中，会降低畜产品品质，危及婴幼儿等人体健康和生命安全。因此，草产品卫生质量安全事关食品安全，事关人体健康和生命安全。

1. 饲草产品的污染来源

（1）重金属污染：饲草生产地环境受到重金属严重污染，如土壤、灌溉水和空气中的铅、砷、汞、氟等有害物质含量较高，超过了相关标准的规定，牧草在生长过程中会吸收这些有害物质并残留在植物体内，致使饲草产品中的有害物质超标，发生重金属等的污染。

（2）农药残留：饲草生长过程中，需经常施用除草剂清除杂草，喷施农药防制病虫害。由于滥用农药、使用禁用农药、在农药安全间隔期内刈割饲草等，致使饲草产品中农药残留超过了规定的限量。

（3）黄曲霉毒素等污染：饲草产品在干燥、加工和贮藏过程中，由于水分含量较高，为微生物繁殖创造条件，霉菌和细菌等微生物大量繁殖，产生黄曲霉毒素等有毒有害物质。家畜食用这些被污染的饲草产品，不仅诱发多种疾病甚至死亡，而且严重影响畜产品品质，危及人类的健康和生命。

（4）饲草产品中添加违禁物质：饲草产品的种类有草捆、草粉、草颗粒、草块、草饼、叶粒和叶蛋白等。为牟取经济利益，不法厂商会人为在饲草产品生产过程中加入一些禁止添加的物质，如三聚氰胺、药物、抗生素等，危害家兔健康和兔肉产品质量安全。

（5）饲草产品中存在植物性有毒有害物质：如亚硝酸盐、氢氰酸等。

2. 加强饲草产品质量安全监管的必要性 饲草产品生产是畜产品生产的源头。饲草产品质量安全是畜产品质量安全的第一道关口。重视饲草产品质量安全，加强饲草产品质量监管，提高饲草产品质量安全水平具有重要的意义。我国多年来重视饲草产品质量安全，开展了饲草产品质量管理工作。颁布实施了《饲料及饲料添加剂管理条例》，对饲料（包括草产品）中允许添加的化学物质做出了明确的规定。颁布了饲料中重金属、微生物、其他有毒有害物质等多项检测方法标准，建立了饲料中有毒有害物质检测方法标准。颁布实施了饲料卫生国家标准，规定了饲料（包括饲料原料）中有毒有害物质的限量。农业部发布实施了饲料中三聚氰胺的测定标准，规定了饲料中三聚氰胺的最低限量和测定方法。《饲草产品质量安全生产技术规范行业标准》已实施多年，要严格执行。

早在2005年，我国饲料行业就启动了HACCP管理（危害因素分析和关键点控制），提高饲料质量安全管理水平。

HACCP 是以预防为主的质量保障办法，其核心是消除可能在饲料生产过程中发生的安全危害，最大限度地减少饲料生产的风险，避免了单纯依靠最终产品检验进行质量控制所产生的弊端。这是一种经济高效的质量控制办法。

国家制定了饲草种植地环境质量标准，规范了农产品产地环境条件。实施土壤质量标准、灌溉用水质量标准、空气质量标准、放射物质限量标准、施用肥料标准等，有力地保障了饲草产品质量安全。

农业部发布了禁止使用或限制使用的高毒农药和除草剂公告，制定了绿色食品中严禁使用剧毒、高毒、高残留或具有三致毒性（致癌、致畸、致突变）的农药标准。国家颁布了农药安全使用系列标准，制定了农产品中农药最高残留限量及其检测方法标准，明确规定了农药的使用方法、安全间隔期、检测方法和最高残留限量，保障饲草产品质量安全。

国际组织或国外也重视饲草质量安全，把它列入食品安全的范围。

国际食品法典委员会（CAC）将饲料纳入了食品分类系统，将饲草产品单独归为一类——初级饲料，实行计算机管理。规定了苜蓿草、大麦草、燕麦草、玉米饲草、高粱饲草、水稻秸秆、小麦秸秆等饲草产品中有毒有害物质的最大残留限量。

德国等欧盟国家对 57 种农药规定了在植物性饲料中的最高允许量。尤其对黑麦草等用量较大的牧草制定了农药残留的最高限量。对牧草中的有毒有害植物和重金属含量制定了限量标准，超出限量标准则禁止使用。

日本制定了 40 种农药在干牧草中的残留限量标准，并规定了牧草中的重金属等有毒物质的限量。

提高饲草产品质量安全生产意识，控制危及饲草产品质量安全的隐患，加强饲草质量监督管理，生产绿色无公害的饲草产品，才能更好地保证畜产品质量安全，维护社会的稳定。

3. 无公害牧草的质量安全控制

（1）因牧草的种类施肥：不同种类的牧草，吸收硝酸盐程度不同，收获前20~30天应停止施用。

（2）春冬牧草少施氮：春冬光照弱，容易积累硝酸盐，应不施或少施氮肥；夏秋牧草生长季节气温高，含硝酸少，可适量施用一些氮肥。

（3）高肥牧草地应禁用氮肥：低肥牧草地，牧草积累硝酸盐较轻，可施氮肥、有机肥培肥地力；富含腐殖质的土壤，牧草的硝酸盐含量高，应禁施氮肥。

（4）不施硝态肥：不施硝酸铵、硝酸钾、硝酸钙及含硝态氮的复合化肥，容易使牧草积累硝酸盐，不宜施用。尿素、碳酸氢铵、硫酸氢铵、酰胺态氮，都应控制其用量，使用时一定要深施盖土。

（5）氮肥深施盖土：深施在土壤15~18厘米，这样硝化作用缓慢，肥料利用率高，可减少牧草对硝酸盐的积累。

（6）控制氮肥的用量：牧草中硝酸盐积累随施肥量的增加而提高，亩（667米^2）施肥量应控制在标氮25千克以内，60%~70%用作基肥全层施下，30%~40%用作苗肥深施。氮肥要早施，苗期施氮肥最好，有利于牧草早发、快长，有利于降低硝酸盐积累。

（7）重施有机肥：有机肥应经高温堆沤腐熟，杀死病菌、虫卵后施用，这样就不会导致牧草硝酸盐污染，不仅品质好，而且耐贮存。沼气废渣液肥效高，经常施用，病虫少，可减少农药用量，提高牧草产量。用沼气渣生产的牧草，是最佳的无公害牧草。

（8）茎叶用牧草类不能叶面施肥：叶面喷施直接与空气接触，铵离子易变成硝酸根离子被叶片吸收，硝酸盐积累增加，又不耐贮存。

(9) 控制污水淋灌：污水会污染牧草。凡是被氯、砷、锡、锌等污染后的废水严禁淋、灌牧草。城市生活污水应做无害化处理，杀死病菌、虫卵并与清水混合后才能使用，最好在早晚气温较低时进行。

第五节　家兔驱虫、杀虫与灭鼠

一、家兔驱虫

（一）药物驱虫

家兔寄生虫病较多，要有效预防寄生虫病，必须采取综合防制措施，贯彻预防为主的方针，正确使用驱虫药物。

1. 正确选用驱虫药物　选用驱虫范围广、疗效高、毒性低的驱虫药物，同时考虑经济价值。寄生虫多为混合感染，应适当配合使用驱虫药物。

2. 用药剂量要准确　驱虫药物的使用剂量一定要准确，既要防止剂量过大造成家兔药物中毒，又要达到驱虫效果。一般第一次使用驱虫药物后 7~14 天再进行第二次重复驱虫。

3. 严格把握驱虫时间　实践证明，家兔空腹投药效果好，可在清晨饲喂前投药或投药前停饲一顿。

4. 先做小群试验　进行大群驱虫和使用新药物驱虫时，先进行小群试验，注意观察家兔的反应和药效，确定家兔安全后，再全群使用。避免由于驱虫药剂量过大、用药时间过长而引起家兔中毒，甚至引起死亡。

5. 阻断传染途径　驱虫的同时，将粪便集中收集发酵处理，防止病原扩散；消灭寄生虫的传播媒介和中间宿主；加强饲养管理，消除各种致病因素。

（二）常用驱虫药物

常用驱虫药物主要有抗球虫药、抗螨虫药。

1. 抗球虫药 常用的有氯苯胍、盐霉素、莫能菌素、球痢灵等。

（1）氯苯胍家兔球虫药，预防时每千克饲料中可加 150 毫克，治疗时则需加 300 毫克。

（2）盐霉素主治畜禽球虫病，预防家兔球虫病，每千克饲料中添加盐霉素 25 毫克，治疗则加 50 毫克。

（3）球痢灵（二硝苯甲酰胺）预防量为每千克饲料中添加 125 毫克，治疗量为每千克饲料中添加 250 毫克。

2. 抗螨虫药

（1）敌百虫配成 5%溶液局部涂擦，1%～3%溶液可用于药浴。

（2）溴氰菊酯对兔螨虫有很强的驱杀作用，用棉籽油稀释 1 000倍液涂擦患部。

（3）氰戊菊酯对兔螨虫有良好的杀灭作用，用水稀释 2 000 倍液涂擦患部。

（4）阿维菌素（阿福丁）防止兔螨病效果很好，每千克体重用 0. 3 克口服，可预防半年。

二、兔场杀虫

昆虫类节肢动物（如蚊、蝇、蜱等）是家兔许多疫病的传播媒介，同时这些虫类的叮咬还会对家兔的生产性能产生不利影响。因此，建立完备的杀虫制度对家兔安全生产具有重要意义。生产中常用的杀虫方法如下：

（一）生物杀虫法

生物杀虫通常采用以兔场常见昆虫的天敌进行杀虫或使用激素来影响昆虫的生殖，或利用病原微生物感染昆虫使其死亡。目前，在家兔生产中，一般在昆虫繁殖季节采用排除兔场中生活、生产污水，及时清理粪便垃圾等改造养殖生产环境的方式来进行杀虫。

（二）物理杀虫法

利用高温（通常采用火焰）杀灭兔舍墙壁、用具、粪污堆积区等聚居的昆虫或虫卵。还可在兔舍内安装杀虫灯进行灯光杀虫。

（三）药物杀虫法

用于兔场杀虫的药物有很多，如有机磷杀虫剂、菊酯类杀虫剂、昆虫生长调节剂、驱避剂等。其中有机磷杀虫剂虽然杀虫效果好，但易造成家兔中毒，通常选用广谱、高效、对家兔无毒或毒性小的菊酯类杀虫剂、昆虫生长调节剂喷洒在环境中来杀灭昆虫。

家兔安全生产中，单依靠一种杀虫方法难以达到有效杀灭昆虫的效果，通常都将物理杀虫、生物杀虫和药物杀虫三种方法相结合一起使用。

三、兔场灭鼠

鼠类动物是家兔一些传染病病原的携带者和传播者，因此，消灭鼠类极为重要。一般来说，兔场的灭鼠工作应从两个方面进行。

首先，根据鼠类的生物学特点进行防鼠、灭鼠，从兔舍建筑和卫生环境方面着手，预防鼠类的滋生和活动。具体做法为：保持兔舍及周边环境干净，每天清扫兔舍饲料残渣，贮存饲料的地方应密闭、坚固，无洞，使老鼠无食物来源，可大大减少兔场老鼠的数量。

其次，利用不同方式进行灭鼠，主要采用老鼠夹、鼠笼等进行灭鼠。也可采用药物进行灭鼠，如磷化锌、敌鼠等，药物灭鼠时要特别注意防止兔群误食而引起中毒。

第六节　兔场粪污与病死兔的无害化处理

一、粪污对生态环境的污染

近年来我国兔产业进入快速发展期，逐渐成为农业经济增长、农民增收的特色产业。兔生产方式也发生了根本性改变，逐渐以规模化、集约化的养殖方式取代了传统的散养方式。规模化兔生产饲养总量大，同时产生大量粪便和污水；由于国内多数兔场对粪污的处理缺少综合利用途径，缺乏相应的粪污处理配套设施，或粪污处理设施运行成本过高难以持续运行，导致粪污污染成为三大环境污染源之一，对生态环境造成巨大威胁。兔场大量产生的粪污主要造成以下几个方面的污染。

（一）空气污染

兔场粪污对空气的污染主要是排放大量恶臭、有毒有害气体等。兔粪尿中含有大量的有机物，其中兔未消化吸收的含氮物质随粪便排出，被微生物分解产生大量的氨气和硫化氢等刺激性恶臭气体；如果不能及时处理，则会进一步发酵产生甲基硫醇、甲硫醚、二甲胺等多种低级脂肪酸类恶臭气体。此类刺激性、有毒有害气体造成空气质量严重下降，危害人畜健康。

（二）水体污染

兔场粪污中含有大量氮、磷、病原微生物、重金属等污染物。未经处理的粪污进入河流、湖泊等自然水体后，会使水体中固体悬浮物、有机物和微生物含量增加，污染地表水。且粪污中的氮、磷等被藻类及浮游微生物等利用，引起藻类和浮游微生物等大量繁殖，使水体中生物群落发生改变；粪污中有机物的生物降解和藻类、浮游微生物的繁殖会大量消耗水体中的氧，使水质恶化、鱼类及其他水生生物死亡，导致水体富营养化。粪污甚至还可能渗入地下，造成更为严重的地下水污染。

（三）土壤污染

未经处理的粪污进入土壤后，粪污中的有机物被微生物分解，其中含氮、含磷有机物可被微生物分解为硝酸盐和磷酸盐等，这些降解产物大部分能被植物利用，从而使土壤得到自然净化。如果粪污排量超过土壤的消纳自净能力，将导致粪污的不完全降解和厌氧腐解，产生亚硝酸盐等有害物质，并造成土壤板结，土壤孔隙堵塞，土壤透气、透水力下降，破坏土壤结构和功能。畜禽排泄物中残留有一定量的重金属元素等物质，这些污染物进入土壤后，在土壤中富积，造成土壤污染，同时还可能被植物吸收后，通过食物链危害人类健康。

（四）生物污染

兔场粪污中含有大量致病微生物和寄生虫卵，有的是畜禽传染病、寄生虫病和人畜共患病的传染源。根据世界卫生组织和联合国粮农组织的相关资料报道，目前已有 200 多种人畜共患病，这些人畜共患传染病的传播载体主要是畜禽排泄物，兔场粪污对其他畜禽健康和公共健康安全也会造成巨大危害。

二、解决粪污的主要途径

我国兔养殖面广，粪污产量大，处理及利用难度高。根据我国的基本国情，粪污处理以综合利用优先，资源化、无害化、减量化为原则，发展生态农业。目前粪污的综合利用主要有以下几种途径。

（一）发展农牧结合的农业循环经济

兔粪尿中含有大量的氮、磷、钾成分，经过堆肥处理后，可作为优质高效的有机肥，通过堆肥和沼气技术可将兔粪尿变废为宝。我国是农业大国，农业生产中需要大量的肥料。据报道，我国化肥消耗量居世界第一位，大量使用化肥后会造成土壤有机质减少和板结；同时化肥的利用率较低，不能被利用的化肥对土壤、水源和大气会造成污染。将畜牧业和种植业进行有机结合，粪污经处理后为种植业提供有机肥料，形成农牧业相结合的农业循环经济模式，既可以避免环境污染，又可以充分利用资源，提高环境、生态与经济效益，是解决兔养殖粪污的重要途径。

（二）用作饲料

兔粪便中含有大量未消化吸收的蛋白质、淀粉、维生素等营养物质。通过发酵、清除杂质以及灭菌处理后，可代替部分畜禽饲料，或用于饲养蚯蚓、蝇蛆生产动物蛋白饲料。但该途径容易造成传染性疾病的流行，且对粪污的处理量极为有限，推广价值不高。

（三）提高饲料消化率，减少粪便排放量

通过科学的饲料配方设计，提高兔对饲料的消化利用率，以减少粪便中养分浓度的排放量。兔对饲料的消化吸收效率越高，则排泄物中营养成分就越低，同时粪便排放量就越少，对环境的污染也就越小。

三、病死兔的无害化处理方案

病死兔的无害化处理严格按照《病害动物和病害动物产品生物安全处理规程》（GB16548—2006）的要求进行，通常采用以下两种方案。

（一）深埋方案

处理病死兔常用的方法是深埋。深埋地应远离居民住宅区、公共场所、饮用水源地、河流等地区，深埋前应对病死兔进行无害化处理。在深埋地坑表面铺 2～4 厘米厚的生石灰，掩埋后需将上层土夯实；被埋病死兔上层距地表不少于 1.5 米；深埋后地

表用消毒药喷洒消毒，消毒液可采用0.4%的高锰酸钾液或2%的烧碱液等。

（二）焚烧方案

将病死兔投入焚化炉或直接挖坑烧毁碳化，焚烧处理应在指定地点进行。规模化兔场一般要配备专用焚化设施。在养殖业集中区，可联合兴建焚化处理厂，由专门的运输车辆负责运送病死兔到焚化厂，集中处理。

但近年来，许多地区制定了防止大气污染的条例或法规，限制焚烧炉的使用。

第三章　免场的免疫

第一节　制订科学的免疫程序

免疫是动物体的一种生理功能，动物体依靠这种功能识别“自已”和“非已”成分，从而破坏和排斥进入机体的抗原物质，或动物体本身所产生的损伤细胞等，以保持动物体的健康。免疫是当前防控动物疫病的有效手段，是避免和减少动物疫情发生的关键。

免疫程序是指养殖户根据当地疫情、家兔体质状况（主要是指母源或后天获得的抗体消长情况）以及现有疫（菌）苗的性能等实际情况，为使家兔机体获得稳定的免疫力，选用适当的疫苗，安排在适当的时间给家兔进行免疫接种的预防接种计划。即依据疫病在本地区流行情况及规律，兔的用途、年龄、母源抗体水平和饲养条件，合理使用疫苗的种类、性质、免疫途径。

一个地区、一个养殖场户可能会发生多种兔病，而可以用来预防这些疫病的疫苗性质又不尽相同，免疫期长短不一，因此需要根据各种疫苗的免疫特性合理地制订免疫接种的剂量、接种时间、接种次数和间隔时间。

没有一个一成不变、放之四海而皆准的通用免疫程序。免疫程序是动态的，随着季节、气候、疫病流行情况、生产过程的变化而改变。虽然可以参照他人的成功经验，但不能生搬硬套、照搬照抄。因此，在制订一个免疫程序时，必须根据本场兔疫病实际发生情况，考虑兔场所在地区的疫病流行特点，结合兔群的种类、年龄、饲养管理、母源抗体的干扰以及疫苗的性质、类型和免疫途径等各方面因素和免疫监测结果，制订适合本场的免疫程序。

一、制订免疫程序时应考虑的因素

制订免疫程序时应考虑如下 8 个方面的因素。

（一）免疫的目的

不同用途、不同代次的家兔，其免疫要达到的目的是不同的，所选用的疫苗及免疫次数也不尽相同。

（二）疫病流行情况及严重程度

家兔疫病的种类多、流行快、分布广，养殖场户在制订免疫程序时，首先应考虑当地家兔流行情况和严重程度，以及该兔场已发生过什么病、发病日龄、发病频率及发病批次，依此确定疫苗的种类和免疫时机。一般情况下，常发病、多发病而且有疫苗可以预防的疾病，应该重点进行免疫，而本地区、本场从未发生过的疫病或尚未证实发生的新流行疾病，即使有疫苗，也应该慎重免疫，必须证明确实已受到严重威胁时才进行免疫接种。

（三）母源抗体的干扰

家兔体内存在的抗体根据来源可分为两大类：一类是先天所得，即通过种兔免疫传递给后代的母源抗体；另一类是通过后天免疫产生的抗体。

母源抗体的被动免疫对新生仔兔来说十分重要，然而对疫苗的接种也带来一定的影响。免疫程序的关键是排除母源抗体干扰，确定合适的首免日龄。最好选定在仔兔持有的母源抗体不会影响疫苗的免疫效果而又能防御病毒感染的期间，即母源抗体为

1：（8~64）时。如在母源抗体效价尚高时接种疫苗，即会被母源抗体中和掉部分弱毒，阻碍疫苗弱毒的复制，仔兔就不能产生坚强的主动免疫力。因此，当母源抗体水平高且均匀时，推迟首免时间；当母源抗体水平低时，首免时间提前；当母源抗体水平不均匀时，需要通过加大免疫剂量使所有家兔均获得良好的免疫应答。

家兔体内的抗体水平与免疫效果有直接关系，一般免疫应选在抗体水平到达临界线时进行。但是抗体水平一般难以估计，有条件的场户可以通过监测确定抗体水平；不具备条件的，可通过疫苗的使用情况及该疫苗产生抗体的规律去估算抗体水平。

（四）疫苗的种类、特性和免疫期

疫苗一般分弱毒活苗、灭活苗或单价苗、多价苗、联苗等。各种疫苗的免疫期以及产生免疫力的时间是不相同的，设计免疫程序时应考虑各种疫苗间的配合或相互干扰，采用合理的免疫途径及疫苗类型来刺激机体产生免疫力。一般情况下，应首选毒力弱的疫苗做基础免疫，然后用毒力稍强的疫苗加强免疫。

当然，在进行加强免疫时要考虑并确定间隔时间。有人认为免疫次数越多、间隔时间越短越好，但是如果引起免疫耐受，反而达不到效果，因此同类疫苗重复免疫，最短时间不能少于14天。

（五）免疫方法

设计免疫程序时应考虑疫苗的免疫方法，正规疫苗生产厂家提供的产品都附有使用说明，免疫应根据使用说明进行。一般活苗采用饮水、喷雾、滴鼻、点眼、注射免疫，灭活苗则需要肌内注射或皮下注射。合理的免疫途径可以刺激机体尽快产生免疫力，而不合适的免疫途径则可能会导致免疫失败，如油乳剂灭活苗不能进行饮水、喷雾免疫，否则易造成严重呼吸道或消化道障碍。同一种疫苗用不同的免疫途径所获得的免疫效果也不一样。

（六）家兔的生长阶段

家兔在不同生长阶段进行不同疫苗的免疫接种，包括所使用的疫苗种类、疫苗接种量以及疫苗免疫方法等都有不同。

（七）季节因素

有些疫病的发病有一定的季节性和阶段性，制订免疫程序时，应根据这些疫病的发病季节特点，既要避免疫苗浪费和减少人工，又要达到较好的免疫效果。

（八）免疫效果

一个免疫程序在应用一段时间后，免疫效果可能会变得不再那么理想，要根据免疫抗体的监测情况和生产成绩适当进行调整，使免疫更科学、更合理。养殖场户每半年要进行一次免疫抗体的监测，以便评估免疫效果，并合理调整免疫程序。一般超过70%以上的家兔抗体水平是合格的，也说明这种疫苗具有理想的保护力。

二、兔场参考免疫程序

（一）仔兔和幼兔免疫程序

仔兔和幼兔免疫程序参考表3.1。

表3.1　仔兔和幼兔参考免疫程序

日期	疫苗种类	剂量（毫升/只）	注射部位
25~28日龄	大肠杆菌病多价疫苗	2	皮下注射
30~35日龄	多杀性巴氏杆菌病、波氏杆菌病二联疫苗	2	皮下注射
40~45日龄	兔病毒性出血症（兔瘟）灭活疫苗	2	皮下注射
50~55日龄	魏氏梭菌病灭活疫苗	2	皮下注射
60~65日龄	兔瘟灭活疫苗	1	皮下注射

（二）中成兔免疫程序

中成兔免疫程序参考表 3.2。

表 3.2 中成兔参考免疫程序

日期	疫苗种类	剂量（毫升/只）	注射部位
3 月 10 日和 9 月 10 日	兔瘟灭活疫苗	2	皮下注射
1、4、7、10 月	多杀性巴氏杆菌病、波氏杆菌病二联疫苗	2	皮下注射
3 月 25 日和 9 月 25 日	伊维菌素	按体重	皮下注射
4 月 10 日和 10 月 10 日	大肠杆菌病多价疫苗	2	皮下注射
2 月 10 日和 9 月 10 日	兔葡萄球菌病灭活疫苗	2	皮下注射
2 月 20 日和 9 月 20 日	兔魏氏梭菌病灭活疫苗	2	皮下注射

（三）商品肉兔免疫程序

1. 商品肉兔（90 日龄以下出栏）免疫程序 参考表 3.3。

表 3.3 90 日龄以下出栏商品肉兔参考免疫程序

免疫日龄	疫苗名称	剂量（毫升/只）	免疫途径
35~40 日龄	兔瘟、多杀性巴氏杆菌病二联灭活疫苗或兔瘟灭活疫苗	2	皮下注射

2. 商品肉兔（90 日龄以上出栏）、獭兔、毛兔免疫程序 参考表 3.4。

表 3.4 90 日龄以上出栏商品肉兔、獭兔、毛兔参考免疫程序

免疫日龄	疫苗名称	剂量（毫升/只）	免疫途径
35~40 日龄	兔瘟、多杀性巴氏杆菌病二联灭活疫苗	2	皮下注射
60~65 日龄	兔瘟、多杀性巴氏杆菌病二联灭活疫苗或兔瘟灭活疫苗	1	皮下注射

（四）繁殖母兔、种公兔免疫程序

繁殖母兔、种公兔免疫程序（每年 2 次定期免疫，间隔 6 个月）参考表 3.5。

表 3.5 繁殖母兔、种公兔参考免疫程序

定期免疫	免疫病种	疫苗种类	剂量（毫升/只）	免疫途径
第1次免疫	兔瘟	兔瘟灭活苗	1	皮下注射
	兔瘟、多杀性巴氏杆菌病	兔瘟、多杀性巴氏杆菌病二联灭活疫苗	2	皮下注射
	兔瘟、多杀性巴氏杆菌病、产气荚膜梭菌病（魏氏梭菌病）	兔瘟、多杀性巴氏杆菌病、产气荚膜梭菌病（魏氏梭菌病）三联灭活疫苗	2	皮下注射
	家兔产气荚膜梭菌病（魏氏梭菌病）	家兔产气荚膜梭菌病（魏氏梭菌病）A型灭活疫苗	2	皮下注射
间隔6个月进行第2次免疫	兔瘟	兔瘟灭活苗	1	皮下注射
	兔瘟、多杀性巴氏杆菌病	兔瘟、多杀性巴氏杆菌病二联灭活疫苗	2	皮下注射
	兔瘟、多杀性巴氏杆菌病、产气荚膜梭菌病（魏氏梭菌病）	兔瘟、多杀性巴氏杆菌病、产气荚膜梭菌病（魏氏梭菌病）三联灭活疫苗	2	皮下注射
	产气荚膜梭菌病（魏氏梭菌病）	产气荚膜梭菌病（魏氏梭菌病）A型灭活疫苗	2	皮下注射

注：定期免疫时，各种疫苗注射间隔5~7天。

（五）种公兔、产毛兔免疫程序

种公兔、产毛兔免疫程序（每年2次定期免疫，间隔6个月）参考表3.6。

表 3.6 种公兔、产毛兔参考免疫程序

定期免疫	免疫病种	疫苗名称	剂量（毫升/只）	免疫途径
第1次	兔病毒性出血症、多杀性巴氏杆菌病	兔病毒性出血症、多杀性巴氏杆菌病二联灭活疫苗	1	皮下注射
	产气荚膜梭菌病（魏氏梭菌病）	家兔产气荚膜梭菌病（魏氏梭菌病）A型灭活疫苗	2	皮下注射

续表

定期免疫	免疫病种	疫苗名称	剂量(毫升/只)	免疫途径
间隔6个月进行第2次免疫	兔瘟、多杀性巴氏杆菌病	兔瘟、多杀性巴氏杆菌病二联灭活疫苗	1	皮下注射
	产气荚膜梭菌病（魏氏梭菌病）	家兔产气荚膜梭菌病（魏氏梭菌病）A型灭活疫苗	2	皮下注射

注：定期免疫时，各种疫苗注射间隔5~7天。

（六）家兔（不分类）免疫程序

家兔（不分类）免疫程序参考表3.7。

表3.7　家兔（不分类）参考免疫程序

免疫日龄	免疫病种	疫苗种类	免疫方法	剂量（毫升/只）	备注
20~25	大肠杆菌病	多价灭活苗	皮下注射	2	可断奶后加强免疫2毫升
30~35	多杀性巴氏杆菌病、波氏杆菌病	二联灭活苗	皮下注射	2	
40~45	兔瘟首次免疫	灭活苗	皮下注射	1	之后每年春秋两季各免疫1次
60	兔瘟二次免疫	灭活苗	皮下注射	2	
50~55	产气荚膜梭菌病	（A）型灭活苗	皮下注射	2	
断奶后和每年春、秋	产气荚膜梭菌病	（A）型灭活苗	皮下注射	2	常发兔场每年2次
母兔配种前	乳房炎	灭活苗	皮下注射	3	常发兔场每年2~3次

第二节　家兔常用疫苗的应用

一、兔用主要疫（菌）苗及其使用方法

（一）兔常用疫苗

兔的疫苗可分为单苗和联苗。常用的单苗有兔瘟灭活疫苗、多杀性巴氏杆菌病灭活疫苗、波氏杆菌病灭活菌疫苗、魏氏梭菌病（A型）氢氧化铝灭活菌疫苗、伪结核病灭活菌疫苗、大肠杆菌病多价灭活菌疫苗和沙门杆菌病灭活疫苗等。常用的二联疫苗有兔瘟-魏氏梭菌二联疫苗、巴氏杆菌-魏氏梭菌二联疫苗、兔瘟-巴氏杆菌病二联疫苗等。常用的三联疫苗有兔瘟-巴氏杆菌病-魏氏梭菌病三联疫苗和兔瘟-大肠杆菌病-魏氏梭菌病三联疫苗等。兔常用疫苗见表3.8。

表3.8　兔常用疫苗

名称	免疫期	保存	建议用法
兔瘟灭活疫苗（氢氧化铝甲醛苗）	6个月	2～8℃阴凉处1年	35～40日龄初次免疫2毫升（联苗2毫升）；之后隔6个月接种1次
兔瘟蜂胶灭活疫苗	6个月	2～8℃阴凉处1年	35～40日龄初次免疫1毫升，60～70日龄加强免疫1毫升（联苗2毫升）；之后6个月1次
兔多杀性巴氏杆菌病灭活疫苗	4~6个月	2~15℃阴凉处1年	断奶后1周皮下注射1毫升，4~6个月1次（可用巴氏杆菌-波氏杆菌二联苗）
兔瘟-巴氏杆菌病二联灭活疫苗	6个月	2~15℃阴凉处1年	皮下注射1~2毫升，每6个月1次
兔魏氏梭菌病A型灭活疫苗	6个月	2～8℃阴暗处1年	幼兔67日龄皮下注射2毫升，每6个月免疫1次，可用单苗或兔瘟-巴氏杆菌-魏氏梭菌三联苗

续表

名称	免疫期	保存	建议用法
兔大肠杆菌病多价灭活疫苗	6个月	2~8℃阴暗处1年	断奶前1周皮下注射2毫升，每6个月免疫1次，可用单苗或兔瘟-巴氏杆菌-魏氏梭菌三联苗
兔克雷伯杆菌下痢病灭活疫苗	6个月	2~15℃阴凉处1年	幼兔断奶时皮下注射2毫升
兔葡萄球菌病灭活疫苗	6个月	2~15℃阴凉处1年	预防本病菌引起的母兔乳房炎、仔兔黄尿病、脚皮炎等，母兔于配种前后皮下注射2毫升，每6个月1次
兔波氏杆菌病灭活疫苗	6个月	2~15℃阴凉处1年	幼兔52日龄皮下注射2毫升，每6个月1次，可用单苗或巴氏杆菌病-波氏杆菌病二联苗
兔巴氏杆菌病-波氏杆菌病二联灭活疫苗	6个月	2~15℃阴凉处1年	皮下注射2毫升，每6个月1次
兔瘟-巴氏杆菌病-魏氏梭菌病三联灭活苗	6个月	2~8℃阴暗处1年	皮下注射2毫升，每6个月1次

（二）预防接种

不同地区、不同类型的兔场的免疫程序不同。免疫程序的制订首先要考虑当地疾病流行情况，才能决定需要接种何种疫苗，达到什么样的免疫水平。

1. 单苗的使用

（1）兔瘟灭活疫苗：预防的疾病是兔病毒性出血症。1月龄进行初次免疫，2月龄进行2次免疫，剂量1毫升，以后每隔半年免疫1次，5天左右产生免疫力。一般初免、二免用单联疫苗，以后可用二联或三联疫苗，免疫期是半年。

（2）大肠杆菌病多价灭活菌疫苗：预防的疾病是大肠杆菌病。仔兔20日龄进行首免，皮下注射1毫升；仔兔断奶后再免疫1次，皮下注射2毫升；1周后产生免疫力。每年注射2次，免疫期为半年。

（3）魏氏梭菌病（A型）氢氧化铝灭活菌疫苗：预防的疾病是魏氏梭菌病。仔兔断奶后即皮下注射2毫升，1周后产生免疫力；每升注射2次，可维持半年的免疫期。

（4）波氏杆菌病灭活菌疫苗：预防的疾病是兔波氏杆菌病。母兔配种时注射，仔兔断奶前1周注射，以后每隔半年皮下注射1毫升，1周后产生免疫力。每年注射2次，免疫期为半年。

（5）巴氏杆菌病灭活疫苗：预防的疾病是巴氏杆菌病。仔兔断奶后免疫，皮下注射1毫升，1周后产生免疫力，每年注射3次，可维持半年的免疫期。

（6）伪结核病灭活疫苗：预防的疾病是伪结核耶尔新杆菌病。1月龄以上兔皮下注射1毫升，1周后产生免疫力。每年注射2次，可维持半年的免疫期。

（7）葡萄球菌病灭活疫苗：预防的疾病是葡萄球菌病，每兔每年注射2毫升，1周后产生免疫力，免疫期为半年。

（8）沙门杆菌病灭活疫苗：预防的疾病是沙门杆菌病。妊娠初期及1月龄以上的兔，皮下注射1毫升，1周后产生免疫力。每年注射2次，免疫期为半年。

（9）克雷伯杆菌病灭活疫苗：预防的疾病是克雷伯杆菌病。仔兔20日龄进行首免，皮下注射1毫升；仔兔断奶后再免疫1次，皮下注射2毫升。每年注射2次，免疫期是半年。

2. 二联疫苗的使用

（1）巴氏杆菌病-兔瘟二联疫苗：预防的疾病是巴氏杆菌病和兔瘟。青、成年兔每兔皮下注射1毫升，1周后产生免疫力。每年注射2次，一般不用作兔瘟初次免疫。兔瘟、巴氏杆菌病免疫期半年。

（2）呼吸道病二联疫苗：预防的疾病是巴氏杆菌病、波氏杆菌病。怀孕初期及1月龄以上的兔，皮下注射2毫升，1周后产生免疫力。每年注射2次，免疫期为半年。

（3）兔瘟-魏氏梭菌病二联疫苗：预防的疾病是兔瘟、魏氏梭菌病。断奶龄以上兔，皮下注射 1.5 毫升，1 周后产生免疫力。每年注射 2 次，免疫期为半年。

（4）巴氏杆菌病-魏氏梭菌病二联疫苗：预防的疾病是魏氏梭菌病、巴氏杆菌病。1 月龄以上兔，皮下注射 2 毫升，1 周后产生免疫力。每年注射 2 次，免疫期为半年。

3. 三联疫苗的使用

（1）兔瘟-大肠杆菌病-魏氏梭菌病三联疫苗：预防的疾病是兔瘟、大肠杆菌病和魏氏梭菌病。育成兔、成年兔每兔皮下注射 2 毫升，1 周后产生免疫力。每年注射 2 次，但不宜作为初次免疫，免疫期为半年。

（2）兔瘟-魏氏梭菌病-巴氏杆菌病三联疫苗：预防的疾病是兔瘟、魏氏梭菌病和巴氏杆菌病。育成兔、成年兔每兔皮下注射 2 毫升，1 周后产生免疫力。每年注射 2 次，但不宜作为初次免疫。免疫期为兔瘟半年，巴氏杆菌病 4~6 个月，魏氏梭菌病半年。

（三）紧急接种

紧急接种是在发生传染病时，为了快速扑灭疫情，对疫群、疫区和受威胁区域尚未发病的兔群进行应急性免疫接种。在疫区内使用兔瘟、魏氏梭菌、巴氏杆菌、支气管败血波氏杆菌等疫（菌）苗进行紧急接种，对控制和扑灭疫病具有重要作用。紧急接种除使用疫（菌）苗外，也常用免疫血清。免疫血清虽然安全有效，但常因用量大、价格高、免疫期短，大群使用往往供不应求，目前在生产上很少使用。发生疫病做紧急接种使用疫苗时，必须对已受传染病威胁的兔群逐只检查，并对正常无病的兔进行紧急接种。紧急接种时，必须防止针头、器械的再污染，尤其在病兔群接种时，必须一兔一针，并注意注射部位的消毒。

二、疫苗的保存与使用

（一）保存

1. 贮藏温度　目前市场上销售的兔用疫苗都是灭活疫苗。灭活疫苗长期保存必须放在冷藏箱内，温度在2~8℃。温度过高容易使疫苗的免疫效力下降，保存时间变短。灭活疫苗结冰同样也会使疫苗的免疫效力下降，有时比短期内的高温更严重。原因是结冰后疫苗中佐剂的作用被破坏。短期内的高温对于灭活疫苗来说不是很严重，因为灭活疫苗中的抗原已是死的，免疫效力下降的速度较慢，主要是抗原自然降解。而活疫苗的抗原是活的，一旦活的抗原死掉一部分，抗原量不足的话，就不能保证疫苗的免疫效力。

2. 用药及消毒　灭活疫苗的抗原是死的，使用疫苗期间用药及消毒是不会影响免疫效果的。但使用活疫苗时，用药及消毒会杀死活疫苗中的细菌或病毒，使活疫苗的免疫效果降低或丧失。但注射疫苗期间，对免疫有抑制作用的药物不得使用，如氯霉素类。

3. 有效期　有人认为疫苗越新鲜越好，看起来是对的，实际上正规厂按国家标准生产的疫苗，在保质期内都是有效的，但必须在适当的温度下保存。一般疫苗生产后有一个质量检验的过程，大概需要1个月的时间，有时候需要2个多月。倘若用户买到的疫苗离生产日期仅有10~15天，那么该疫苗就没有经过检验，质量不能保证，有时会产生严重的后果。在生产实践中，灭活疫苗只要保存得当，物理性状良好，即使有效期已到（1个月以内），使用也是有效的。如不放心，可以适当增加用量。

（二）疫苗的正确使用

影响免疫效果甚至导致免疫失败，除疫苗本身的质量以外，疫苗的保管与使用不当也是重要原因。

1. 保存方法 大部分疫苗最适宜的保存条件是：温度2～8℃，冷暗，干燥，注意防霉。高温（35℃以上）和冷冻（2℃以下）都会导致疫苗变性失效而不能使用。

2. 运输方法 疫苗在运输途中，要避免阳光直射和高温，冬季要防冻（结冰）。夏、冬两季运送疫苗应用泡沫箱，夏天最好在箱内加放冰块。

3. 计划防疫 规模化兔场应制订全年的防疫计划和免疫程序，并根据兔场的生产规模采购疫苗。

4. 做好接种准备工作 注射用具如针头、注射器、镊子等应先消毒备用；乙醇棉球应在48小时前制备，消毒用乙醇浓度为75%（取99%的纯乙醇100毫升加蒸馏水或冷开水32毫升摇匀即可）；组织好直接参与接种工作（保定兔、注射和记录）的人员等。最好一兔一针头，皮肤消毒要认真，以免造成人为感染。

5. 注意事项 使用前应仔细阅读使用说明书和瓶签上的使用说明，观察疫苗瓶有无破裂、霉斑和异物，封口是否完整；抽取疫苗液时尽量摇匀；疫苗开封后应尽可能当次用完，如用不完则须用乙醇消毒瓶塞后用蜡或胶布封闭胶塞针孔。

在每一次兔群注射疫苗前，应先用3～4只兔做免疫注射预备试验，接种后观察1周，如无异常则可进行全群免疫注射（紧急预防接种有在此例）。凡体温升高或精神异常的病兔，怀孕后期的母兔均暂不注射疫苗，待病兔痊愈或产后及时补防；接种后要加强对兔群的观察，一般有1天左右的减食等反应，若出现强烈反应或合并症时，应及时给予对症治疗。

第三节　免疫接种的注意事项及接种后的观察

一、免疫接种的注意事项

免疫接种是预防各种动物疫病所采取的综合性防控措施中十分关键的环节，定期搞好预防接种是控制传染病流行的重要措施，必须遵守免疫程序，认真做好各类疫病的预防接种工作；对慢性消耗性及外科疾病等没有疫苗可预防的，主要采取淘汰病兔、净化兔群等措施。

在免疫接种工作中，由于用法、用量或选择疫苗的种类不合适，往往出现一些失误，造成免疫效果差甚至无效。免疫接种时应注意以下几个问题。

1. 免疫时间的确定　首次免疫时间要根据母源抗体的高低及养兔场户场地的污染情况、家兔本身的健康状况（注意疫病隐性带毒或非典型发病的情况）、疫苗的品种、免疫持续时间等而定。

2. 注意家兔的健康状况　为了保证家兔的安全和接种效果，疫苗接种前，应了解家兔近期饮食、排泄等健康状况，必要时可对个别家兔进行体温测量和临床检查。只有健康家兔才能接种；凡是精神、食欲、体温不正常的，以及有病的、体质瘦弱的、幼小的、年老体弱的等有免疫接种禁忌证的家兔，均不予接种或暂缓接种。孕前期、孕后期的家兔，不宜接种或暂缓接种。

应了解当地有无疫病流行，若发现疫情，首先应安排对疾病进行紧急防疫，如无特殊疫病流行，则按原计划进行定期预防接种。

3. 选择适宜的疫苗　疫苗质量直接关系到免疫接种的效果，

对疫苗的采购要做好统一计划和安排，根据生产情况，要做到疫苗提前到位，并按疫苗的保存要求贮放。要避免在酷暑和寒冬时购买疫苗。在选择疫苗时，一定要选择经过政府招标采购的疫苗或通过《药品生产质量管理规范》（GMP）认证的厂家生产的、有批准文号的疫苗，不要在一些非法经营单位购买，以免买进伪劣产品。

4. 注意无菌操作

（1）器械消毒：免疫注射过程应严格消毒，注射器应洗净，煮沸，针头应勤更换，更不得一支注射器混用多种疫苗。吸取疫苗时，针头应勤更换，决不能用已给家兔注射过的针头吸取；可将一灭菌针头插在瓶塞上不拔出、裹以挤干的75%乙醇棉球专供吸药用，吸出的疫苗液不能再回注瓶内。吸取疫苗前，先除去封口的胶蜡，并用75%乙醇棉球擦净消毒。

（2）注射部位消毒：注射部位用2%碘酊或75%乙醇消毒，消毒时应逆毛消毒。

（3）更换针头：一兔一针头是理想的免疫操作状态，可有效地避免交叉污染，特别是紧急免疫或场内家兔有隐性感染疫病的情况时，至关重要。但家兔个体小，一兔一针头操作起来比较烦琐，实际生产中很难全面推行。所以，要掌握同一养兔场的家兔免疫时根据实际情况勤换针头的原则就可以了。

5. 接种前后慎用药物　在免疫接种前后1周，不要用抑制免疫应答的药物；对于弱毒菌苗，在免疫前后1周不要使用抗菌药物；口服疫苗前后2小时禁止饲喂酒糟、抗生素渣（如林可霉素渣、土霉素渣等）、发酵饲料，以免影响免疫效果。但必要时在允许的情况下，可使用水溶性多维、电解维他、维生素C以防止应激反应，一般免疫前后各使用2~3天。在进行灭活疫苗或病毒病的弱毒疫苗注射免疫时，也可考虑在饮水中添加预防性的抗菌药物。

6. 做好免疫接种记录　养兔场户或免疫接种操作人员必须严格按照要求，做好免疫接种记录，建立免疫档案。免疫档案作为养殖档案的重要组成部分，每个群体都要采用专页记录，记录的内容有：养兔场户名称、地址、联系电话，基本免疫程序（以上可以为扉页），家兔日龄、数量，免疫病种，疫苗名称、来源、生产厂家、批次，接种时间、接种剂量、接种操作人签名，在备注栏说明家兔的健康状况等，同时记录免疫不良反应情况、添加多维或使用抗菌药物等情况。

二、疫苗接种后的观察

疫苗免疫接种后，要加强饲养管理，减少应激，密切注意兔群反应。特别应注意观察接种部位，如出现化脓，一定要立即把表面的结痂去掉，清除伤口处的脓汁，涂上碘酊或者甲紫。然后注射头孢曲松钠或林可霉素等消炎。对反应严重的或发生过敏反应的，可注射肾上腺素抢救。注意家兔的应激反应，遇到不可避免的应激时，可在饮水中加入抗应激剂，如水溶性多维、维生素C等，能有效缓解和降低各种应激反应，增强免疫效果。防疫员应在注射疫苗后1周内逐日观察家兔的精神状况、食欲和饮水、大小便、体温等的变化，发现问题及时处理。

第四节　免疫效果的监测与评价

一、影响免疫效果的因素

（一）疫苗因素

疫苗是对兔群实施免疫接种用的生物制品，也是兔群对某一种传染病产生免疫力的启动剂。因此，疫苗是影响免疫效果的一个关键性因素。

1. 疫苗的质量 疫苗的质量直接关系到免疫接种的成败，劣质的疫苗是不能起到好的免疫效果的，因此，应选择和购买高质量的疫苗进行免疫接种。建议购买疫苗时，最好到当地县级动物防疫部门进行选购。

2. 疫苗的保存 疫苗的保存也是一项很重要的工作，各类疫苗均有相应的贮藏温度和保存条件，若疫苗保存不当，常常会导致疫苗效能降低，甚至失效。在疫苗的运输过程中，也应按要求进行低温运输。

3. 疫苗的使用 疫苗使用不当，也会影响免疫接种效果，因此，应严格按照各类疫苗的免疫接种方法、接种部位、使用剂量、疫苗的稀释方法等进行使用，并遵守疫苗接种的注意事项。疫苗注射时，尽量使用 7 号或 9 号针头；疫苗开瓶后，应在 2 小时内用完，不能抽取部分后再贮藏起来，供下次免疫时使用，这样第二次免疫不仅收不到效果，还会引起疫病发生。

4. 疫苗免疫程序 免疫程序的制订在兔病免疫防制中是相当重要的一环，合理的免疫程序以及按程序准时免疫接种是取得良好免疫效果的基础。健康兔，建议断奶时用兔二联或三联苗初免，一个月后进行一次加强免疫，留作种用的，以后每半年免疫一次，发病兔场根据具体情况进行。

（二）环境因素

环境因素包括兔舍的温度、相对湿度、通风以及环境的清洁状况、消毒等。由于动物机体的免疫功能在一定程度上受到神经、体液、内分泌的调节，因此兔群处于应激，如过冷、过热、兔舍内通风不良、潮湿、周围噪声过大等状态下，均会导致免疫反应能力下降，疫苗接种后达不到相应的免疫效果。环境的清洁对免疫防制工作也是十分重要的。如不进行消毒，环境很脏，则利于病原微生物的生长繁殖，同时产生大量的有害气体，使兔群的免疫系统受到抑制，影响免疫效果。

(三) 遗传因素

免疫遗传学的知识告诉我们，动物机体对疫苗接种的免疫反应在一定程度上是受到遗传控制的。因此，不同品种的兔对疾病的易感性、抵抗力和对疫苗免疫的反应能力都有差异，即使同一品种不同个体之间用同一疫苗的免疫接种，其免疫反应强弱也有差异。

(四) 兔群体况

兔群的营养状况也是影响疫苗免疫接种效果的一个重要因素，健康兔群的免疫应答能力较强。如兔群营养较差，胖瘦、大小不均，或有疾病时，进行免疫接种就达不到应有的免疫效果，表现为抗体水平低下或参差不齐，对强毒感染保护率低，抗体不能维持足够长的时间。如果兔群已经感染兔瘟、巴氏杆菌等病原，注射疫苗后也可引起部分兔死亡。

(五) 药物因素

有许多药物能够干扰免疫应答，如某些抗生素、抗球虫药、肾上腺皮质激素等，消毒剂和抗病毒药物能够破坏灭活疫苗的抗原性。因此，在免疫的前后 3 天不能使用消毒药、抗生素、抗球虫药和抗病毒药。

免疫接种时在饲料中添加双倍量的多种维生素，可有效提高兔群的免疫应答。

二、免疫抗体监测

对于传染性强、危害性大的疫病，要加强预防，而接种疫苗是目前主要措施之一，可是疫苗免疫效果往往受到多种因素的影响，如疫苗质量、接种方法、家兔个体差异、免疫前是否感染某种疾病、免疫接种时间以及环境因素等。因此，在群体接种疫苗前后对抗体水平的监测十分必要。

免疫抗体监测常用方法有血凝抑制试验，即利用已知的兔瘟病毒的凝集抗原，检查兔体血清中的抗体水平，验证疫苗接种效果。在V形孔微量滴定板上，将已知阳性血清、待检血清和阴性血清经56℃、30分钟灭活后，分别做1∶10、1∶20等2倍连续稀释，加入已知的病毒凝集抗原，混合后在室温下作用1~2小时，再加入1%的O型红细胞悬浮液，置室温下，30分钟观察1次，1小时后记录结果。以能完全抑制红细胞凝集的血清最高稀释度为该血清的血凝抑制效价。

三、家兔免疫效果的评价

对家兔进行疫苗接种的目的是提高家兔对疫病的抗病能力。但是，免疫后到底效果如何，就需要进行评价。免疫效果评价的方法主要包括动物流行病学方法、血清学方法和人工攻毒试验。

（一）流行病学评价

通过对免疫动物和非免疫动物的生长表现、生产性能、病死率等临床指标进行广泛的调查统计，进行统计分析比较，评价疫苗的免疫效果。常用的免疫效果评价指标包括：

效果指标=对照组患病率/免疫组患病率

保护率=（对照组患病率-免疫组患病率）/免疫组患病率

当效果指数<2或保护率<50%时，则认为该疫苗免疫无效。

（二）血清学评价

利用血清学方法检测体内抗体含量，以某种传染病发生时保护性抗体的最低值（保护性抗体临界值）作为依据进行免疫效果评价。经常应用的评价指标是抗体的转阳率和抗体的平均滴度。抗体转阳率（是指被接种动物免疫接种后抗体转为阳性者所占的比例）是衡量疫苗接种效果的重要指标之一。如兔瘟组织灭活苗的免疫效果，以免疫14天后，抗体阳性转化率70%为合格。另外，也可通过测定免疫动物群血清抗体的平均滴度，比较接种前后滴度升高的幅度及其持续时间，来评价疫苗的免疫效果。如果接种 14 天后的平均抗体滴度比接种前升高 4 倍以上，即认为免疫效果良好；如果小于 4 倍，则认为免疫效果不佳或需要重新进行免疫接种。另外，更直观的方法是检查免疫后 14～21 天达到免疫保护临界值的血清样品占总样品的百分比，70%的动物在免疫保护临界值以上，即可认为免疫是合格的，可以有效抵御野毒的攻击和侵袭。

对保护期内的家兔，每月进行一次抗体检测，绘制抗体曲线图，家兔在免疫期内的抗体效价在保护线之上，认为免疫效果较好，如兔瘟疫苗免疫后 3 个月，70%的家兔血清中抗体滴度达到 2^6 以上，即可认为免疫效果好。

（三）攻毒试验

在疫苗研制中，经常需要对免疫动物进行攻毒试验以确定保护率、开始产生免疫力的时间、免疫保护期和保护抗体临界值等指标，用以评价疫苗的免疫效果，并制订其免疫程序。

四、家兔免疫失败的原因

导致家兔免疫失败，主要有以下几个方面的原因：

（一）购买质量不合格的疫苗

因疫苗渠道不正规或图便宜，而购买了劣质疫苗，使免疫失败。一般厂家生产的疫苗多存在抗原浓度不足的现象，特别是多联苗，对抗原浓度要求很高，常规的生产方法难以达到质量要求。抗原浓度不足，疫苗的免疫效力就差。另外，还有一些非法生产者生产的疫苗，其产品以兔瘟苗及其联苗的为最多。他们的生产工艺差，生产的疫苗不仅不合格，而且还往往根据销售商的需要，将单苗贴上二联苗甚至三联苗标签销售给用户，甚至有些所谓的疫苗，其中只有一些抗菌药物。试想用这样的疫苗防病，当然不会有好的防疫效果。为此，购买家兔疫苗一定要到当地专门经营疫苗的动物防疫站，或直接到正规生产厂家购买，千万不能为贪图便宜而购买劣质疫苗，以免因小失大。注意：对每批次疫苗接种前，都要先小范围试验，给 10 只左右的兔注射，能确定确实安全时再大批量接种。

（二）购买疫苗后贮存方法不当而至疫苗品质下降

购买疫苗后，在运输、保存时，如不能按要求进行贮存，则会使疫苗品质下降，甚至失效。现有兔用疫苗都是灭活苗，灭活苗虽然不像活疫苗在较高温度下很快失效，但长期保存也必须保存在合适的温度条件下。长期保存温度是 2～8℃，可存放在冰箱冷藏室中，保存期多为 1 年；短期保存也应尽可能放在 25℃以下避光、阴凉处，可保存 1～2 个月。没有好的保存条件，购买疫苗时不要一次买过多，以免使用效果下降。另外，兔用灭活疫苗保存也不能冷冻，否则会导致疫苗的免疫效力下降。因此，结冰后的兔用灭活疫苗最好不要使用，或可加大用量，作为短期预防用。此外，超过保质期的疫苗最好不要使用，以免发生免疫失败。购买疫苗时，尽量使疫苗生产的日期与使用疫苗的日期相接近，最好是用出厂 3 个月以内的疫苗。若购买方便时，最好随买随用。邮购的最好 3 个月内用完。

（三）疫苗选择不当

流行的疫病与免疫接种的疫苗的血清型或亚型不相吻合，致使家兔机体内对流行的传染病没有产生相应的抗体，不能保护机体不发病。如血清型较多的传染病——大肠杆菌病，血清型有 O128、O85、O119、O18、O28 等。最好选用本场病料制作的疫苗，或查清流行病的血清型，选用与本地流行毒株相对应的血清型疫苗，或选用多价苗。

（四）免疫程序不合理

1. 生搬硬套别的场家或资料上的免疫程序 由于各养殖场的地理位置、环境状况及免疫对象的品种、日龄和疫苗类型等因素不尽相同，免疫程序就应有所不同。除兔瘟的免疫程序和日龄不宜更动，其他疫苗在使用前，均应首先掌握本地区传染病的流行情况、疫病史及家兔的抗体水平等，在传染病流行季节前1~2个月，参照有关专家或其他场家的免疫程序，根据养殖场自身的特点、具体情况及各种疫苗的特性，会同有经验的兽医师制订出适合本场的免疫程序。

2. 对疫苗的抗病期限缺乏正确认识　在给成年家兔免疫后，兔群中已产生了相应抗体并维持在保护水平时，为了保险，往往在隔不多久又打一次疫苗，造成多次免疫。这时新注射的疫苗抗原和体内的相应抗体中和了，使抗体水平下降，反而易感。

3. 初免时间掌握不好　一是防疫过早，如果仔兔在30日龄时进行兔瘟免疫，因其免疫系统尚不健全，免疫应答比较差，再加上母源抗体又未完全消失，一部分母源抗体可中和一部分疫苗的抗体。二是防疫过晚，又会造成未免时已感染，错过免疫最佳时间。所以，对仔兔接种兔瘟疫苗要求在40~45日龄首免，待到60日龄时再加强免疫1次，直到6月龄再免疫注射。其他疫苗多在断乳1周接种。

（五）疫苗用量不当

生产中部分养兔者误认为免疫剂量越高免疫效果越好，其实接种过量疫苗不仅浪费，而且当疫苗量超过一定限度时，反而会抑制家兔抗体的形成，引起机体的免疫麻痹。而疫苗剂量低于一定限度，也达不到应有的免疫效果。具体疫苗用量也并非总是成龄用量比幼龄大，如30~40日龄幼兔对兔瘟灭活疫苗免疫反应与成年兔不同，按常规注射1毫升兔瘟灭活疫苗，成年兔可以达到6个月的保护期，而30~40日龄的幼兔不能产生有效的免疫力或维持时间很短。很多人对此并不了解，误认为成年兔注射1毫升，幼兔只要注射0.5毫升，结果幼兔注射了疫苗后仍会发病。试验结果表明，30~40日龄幼兔注射兔瘟疫苗1毫升仍不能产生较强的免疫保护力，而注射 2 毫升才有较好的保护作用，但不能长时间地维持，还必须在 60~65 日龄再加强免疫 1 次，每兔注射 1 毫升，以保证有 6 个月的免疫期，成年兔每年注射 2 次即可。

（六）注射疫苗时操作不当

1. 消毒不严 注射时器械、衣物、用具及接种部位消毒不严格，一针多兔等，会使免疫接种成了带毒传播，反而会引发疫病流行或局部感染化脓、溃破，抗原及佐剂流失，使疫苗免疫效果下降。因此，接种时，一定要严格消毒，且要避免一针多兔。消毒严格并非是消毒液越多越好，消毒液蘸的太多沿针孔渗入与疫苗相混，会影响免疫效果。

2. 注射部位及方法不对 现在所用的疫苗多为皮下接种，而有的用户将疫苗肌内注射，且注射深浅度又掌握不好，或注射时出现“飞针”、注射器漏液等，造成疫苗未注入体内或注入剂量不准，使疫苗免疫效果下降。另外，兔用灭活疫苗多为混悬液，静置后会很快沉淀，下沉的部分主要是抗原，如不混匀的话，各兔注射的抗原量多少不一，会出现同批兔免疫效果部分好、部分差。因此，注射过程中要经常摇动瓶子，保持其中的液体均匀一致，并且注射时要保定好家兔，严格按要求进行操作。注意家兔群养接种时，要做好标记，否则易出现漏打或重免现象。

（七）注射疫苗前后使用了能杀灭疫苗的药物

有些养兔户为了预防兔应激，在注射疫苗后添加大量的抗菌药物，或在防疫前后大搞消毒，降低了疫苗的免疫效力，致使兔群免疫力减弱。因为，抗生素能抑制产生抗体的 B 细胞的生成，降低机体的免疫应答能力，影响免疫效果。因此，使用疫苗前后 1 周内要禁用抗生素类药物或含有抗生素类药的饲料或添加剂，也不能喷洒消毒药。

（八）应激反应影响免疫效果

动物的免疫功能在一定程度上是受机体的神经、体液和内分泌调节的，在环境过冷过热、温差过大、通风不良、运输、转群、分窝和患病等因素影响下，肾上腺皮质激素增加，对产生抗体的细胞都有抑制作用。在这种应激反应敏感期接种疫苗，就会减弱其免疫能力。而接种疫苗本身对动物来说就是一种应激刺激，会产生相应的应激反应。所以，注射疫苗时要避开应激反应敏感期，加强饲养管理，确保免疫效果。

（九）饲养管理不当，导致家兔体质不好影响免疫效果

研究证明，当机体缺乏维生素、蛋白质、微量元素时都会影响免疫效果。若日常饲养管理不好，使家兔营养缺乏，兔群整体状况不佳，免疫注射效果也不会很好。而且接种疫苗时有的兔本身就已经发病或处在疾病潜伏期，接种后反而会导致家兔死亡或激发发病，即使不发病，免疫效果也不理想。因此，要想免疫效果好，就要加强饲养管理，做好清洁卫生、消毒等工作，增强兔体自身的抗病力，不仅有利于对主要传染病的免疫预防，也有利于抵抗其他疾病的发生，降低发病率，提高成活率，显著地提高经济效益。

第四章　兔病的诊断方法与治疗技术

第一节　常规临床诊断方法

一、病史调查

病史调查就是通过向畜主或饲养员询问，了解与疾病相关的问题。询问时要有重点，针对性要强，对所获得的材料进行综合分析判断，以便为诊断提供真实可靠的信息。病史调查主要侧重于以下几个方面：

了解发病时间、发病数量，用以推测疾病是急性还是慢性，是单个发病还是群体发病，以及发病的经过和发展变化情况。

了解发病后的主要表现，如精神状态、饮食欲、呼吸、排粪、排尿、运动等的异常表现。对于腹泻的，应进一步了解排便次数、排便量及粪便性状（如有无黏液、血液、气味等），对于母兔应该了解产前、产后及哺乳情况。

了解经治情况，用过什么药，疗效如何，以判断用药是否恰当，为以后用药提供参考。

了解饲养管理情况，如饲料种类，精饲料、青饲料、粗饲料的来源及配方，调制方法与饲喂制度，水源及饲料质量。兔舍温度、湿度、光照、通风状况，养殖密度，卫生消毒措施以及驱虫情况等。

二、一般检查

（一）外貌检查

1. 精神状态观察　健康家兔双目有神，行为自然，对外界刺激反应灵敏，经常保持警戒状态（图 4.1）。如受惊吓，立即抬头，转动耳壳，有时后足踏地，发出啪啪的声响；如有危险情况，则呈俯卧状，似做隐蔽姿势。病兔常呈中枢神经抑制状态，表现精神沉郁（图 4.2），反应迟钝，低头耷耳，闭目呆立，或蹲伏一隅，对周围响动不敏感，多见于胃肠炎、一些中毒病、传染病等；过度兴奋则呈现不安、狂奔、肌肉震颤、强直、抽搐等，多见于日射病、脑膜炎、食盐中毒等。

图 4.1　精神良好

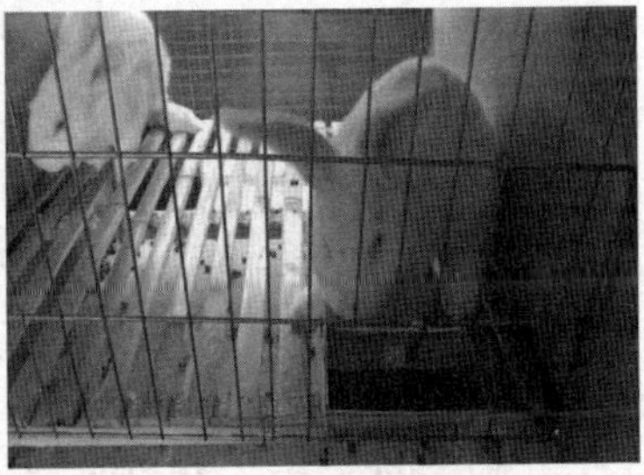

图 4.2　精神沉郁

2. 姿势观察　健康家兔姿势自然，走动时轻快敏捷，动作灵活而协调。除采食外，大部分时间都在假眠和休息。而家兔在生病情况下则表现出异常的姿势姿态。比如患有中枢神经系统疾病或功能障碍时，常常会出现反常的伏卧姿势和运动姿势；呼吸困难或腹痛时，时常不断站立，烦躁不安；患有皮肤病时，常用嘴啃、用爪抓痒或在笼具上擦痒（图 4.3）。

注：本章图 4.1~图 4.24 的彩色插图见文后的彩插页。

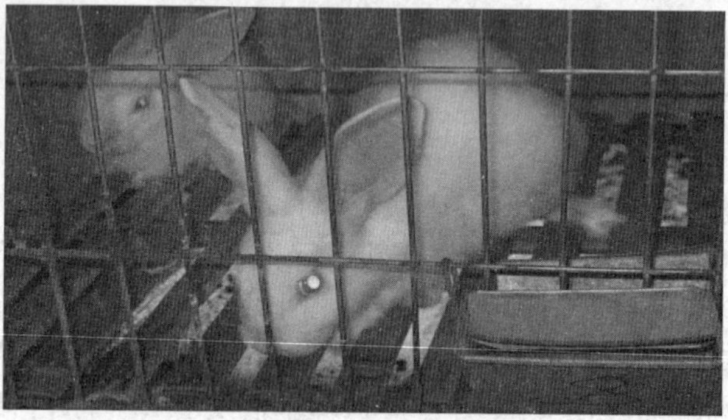

图 4.3　嘴啃擦痒

3. 体格和营养状况观察　体格一般根据骨骼和肌肉的发育程度及各部的比例来判定。体格发育良好的家兔，外观其躯体各部匀称，四肢强壮，肌肉丰满结实，被毛有光泽（图 4.4）。发育不良的家兔，则表现体躯矮小，结构不匀称，瘦弱无力，幼龄阶段表现发育迟缓或发育停滞。

判定家兔营养的好坏，通常以肌肉的丰满程度和皮下脂肪蓄积量为依据。营养良好的家兔，肌肉和皮下脂肪丰满，轮廓滚圆，骨骼棱角处不显露。反之，表现消瘦，骨骼显露，被毛无光泽且凌乱（图 4.5），皮肤缺乏弹性。

图 4.4　被毛有光泽

图 4.5　被毛凌乱

4. 性情检查 一般把家兔的性情分为温和、暴躁两种类型。性情与年龄、性别、个体差异等有关。判定性情主要依据家兔对外界环境改变所采取的反应与平素有无差别。若原来性情温和的变为暴躁，甚至出现咬癖、吃仔等现象，说明有病态反应。

（二）被毛与皮肤检查

健康家兔被毛平滑，有光泽，生长牢固，并随季节换毛。如被毛枯焦、粗乱、蓬松、缺乏光泽时，则是营养不良或有慢性消耗性疾病的表现。如换毛延迟，或非换毛季节而大量脱毛，则是一种病态，应查明原因。如患螨病、脱毛癣、湿疹等，均可出现皮肤脱毛结痂（图 4. 6）、成片脱毛（图 4. 7），这时常伴有皮肤的病变。皮肤检查应注意皮肤温度、湿度、弹性、肿胀及外伤等。

图 4. 6 皮肤脱毛结痂

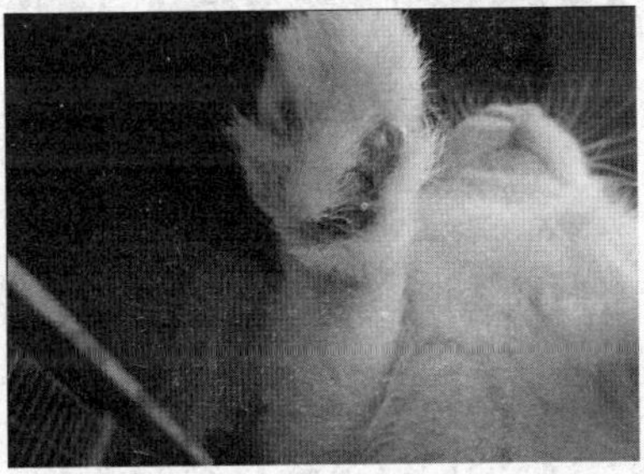

图 4. 7 皮肤发炎溃疡出现成片脱毛

（三）可视黏膜检查

可视黏膜检查主要指观察家兔鼻黏膜、眼黏膜、口腔黏膜、生殖道黏膜等。健康家兔鼻黏膜表现干净。在做鼻黏膜（鼻液）检查（图 4. 8）时，应注意分泌物的变化、性状（如浆液性、脓性、血性）等。

可视黏膜包括眼结膜、口腔、鼻腔、阴道的黏膜。黏膜具有丰富的微血管，根据颜色的变化，大体可以推断血液循环状态和血液成分的变化。

临床上主要检查眼结膜。检查时，一手固定头部，另一手以拇指和食指拨开下眼睑即可观察。健康家兔的眼结膜表现红润（图 4.9）。眼结膜颜色的病理变化常见的有以下几种：

1. 结膜苍白　是贫血的征象。急速苍白见于大失血，肝、脾等内脏器官破裂；逐渐苍白见于慢性消耗性疾病，如消化障碍性疾病、寄生虫病、慢性传染病等。

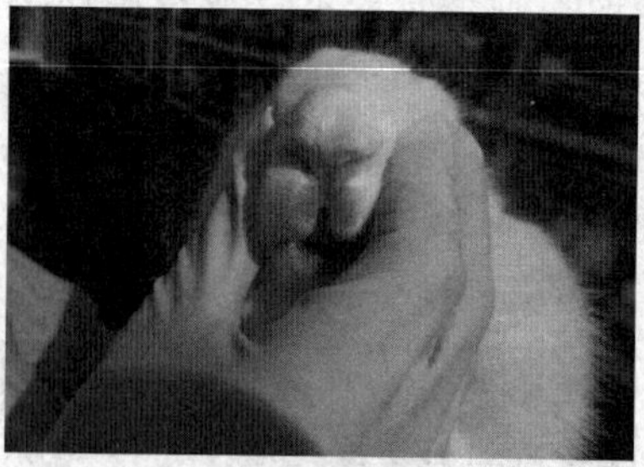

图 4.8　鼻黏膜检查

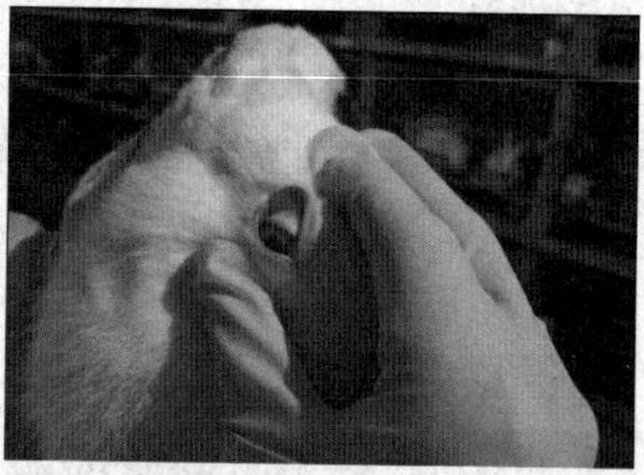

图 4.9　眼结膜检查

2. 结膜潮红　结膜潮红是充血的表现。弥漫性充血（潮红）见于眼病、胃肠炎及各种急性传染病；树枝状充血，即结脱。血管高度扩张，呈树枝状，常见于脑炎、中暑及伴有血液循环严重障碍的心脏病。

3. 结膜黄染　是血液中胆红素含量增多的表现。见于肝脏疾患、胆道阻塞、溶血性疾病及钩端螺旋体病等。

4. 结膜发绀　是血液中还原血红蛋白增多的结果。见于伴有心、肺功能严重障碍，导致组织缺氧的病程中，如肺充血、心力衰竭及中毒病等。

5. 结膜出血　有点状出血和斑片状出血，是血管通透性增高所致。见于某些传染病或紫癜症等。

健康母兔生殖道黏膜（图 4.10）为白色或淡红、大红或紫红色。有些生殖道疾病，可表现出生殖道红肿、分泌物增加（发情除外）甚至有脓性分泌物等症状。

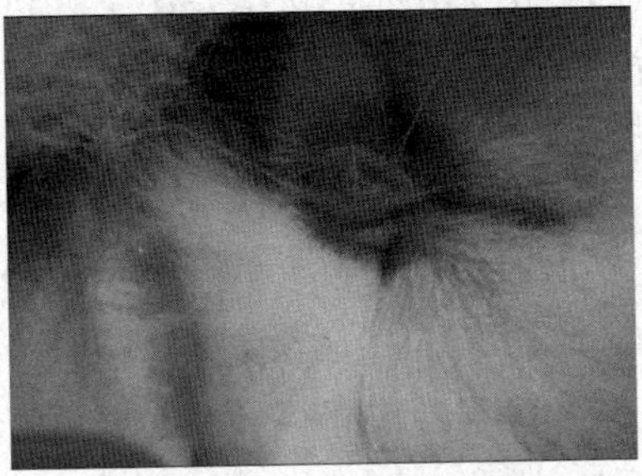
图 4.10　生殖道黏膜检查

（四）淋巴结检查

健康家兔体表淋巴结甚小，触诊不易摸到。如果能够摸到颌下淋巴结（下颌骨腹侧）、肩前淋巴结（肩胛骨前缘）、股前淋巴结（髂骨外角稍下方，股阔筋膜张肌前缘）等，表明淋巴结发炎、肿胀，应进一步查明原因。

（五）体温测定

家兔正常体温是38.5~39.5℃，通常可以通过检查耳温来估测体温（图 4.11），规模化兔场应配备体温计检查体温（图 4.12），以检查疑似病兔的体温状况，以便及时了解病情，生产实际中有经验的兽医人员可通过手握家兔耳朵来检查家兔的体温情况。

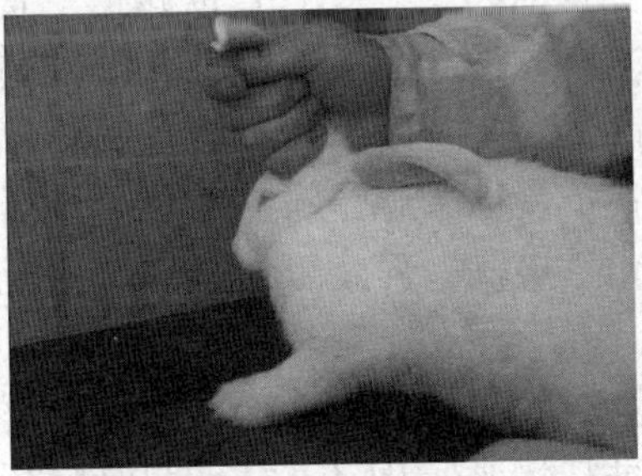
图 4.11　耳温检查

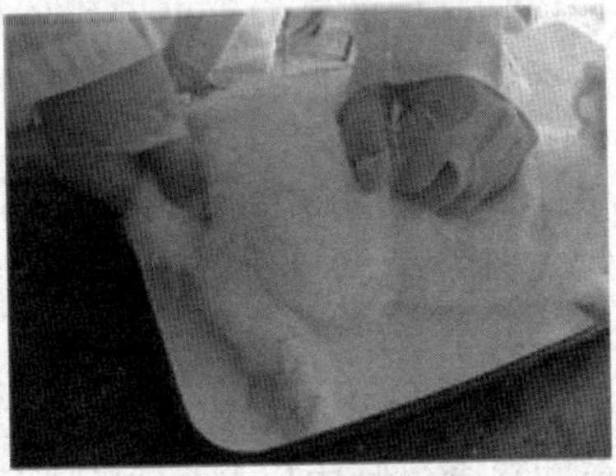
图 4.12　体温计检测

（六）脉搏数测定

家兔多在大腿内侧近端的股动脉上检查脉搏，也可直接触摸心脏部位，计数 0.5~1 分钟，算出 1 分钟的脉搏数。健康家兔脉搏数为每分钟120~150次。热性病、传染病或疼痛时，脉搏数增加。黄疸、慢性脑水肿、濒死期可出现脉搏减慢。检查脉搏应在家兔安静状态下进行。

（七）呼吸数检查

观察胸壁或肋弓的起伏次数，计数0.5~1分钟，算出1分钟的呼吸数。健康家兔的呼吸数1分钟为50~80次。肺炎、中暑、胸膜炎、急性传染病时，呼吸数增加。某些中毒、脑病、昏迷时，呼吸数减少。影响呼吸数发生变动的因素有年龄、性别、品种、营养、运动、妊娠、胃肠充盈程度、外界气温等，在判定呼吸数是否增加和减少时，应排除上述因素的干扰。

三、系统检查

（一）消化系统检查

1. 采食状况观察　家兔的采食状况是家兔全身以及消化道健康状况的直接反映。健康家兔食欲旺盛（图4.13），而且采食速度快。对于经常吃的饲料，一般先嗅闻以后，便立即采食，15~30分钟即可将定量饲料吃光。食欲改变主要有食欲减退、食欲废绝、食欲不定（时好时坏）、食欲异常（异嗜）。食欲减退（图4.14）是许多疾病的最早指征之一，主要表现是对饲料不亲，采食速度减慢，饲槽内有残食；食欲废绝是疾病重剧、预后不良的征兆；食欲不定是慢性消化道疾病；异嗜可能是因微量元素或维生素缺乏所致。

2. 饮水状况观察　饮水欲是家兔需水程度的反映，健康家兔在采食过程中以及采食后都要进行饮水（图4.15）。同时家兔饮水量与气候、环境温度等因素有关，夏天气温高时饮水量会明显增加。有人做过试验，温度28℃时，平均每天每千克体重需水120毫升；9℃时，每千克体重需水76毫升。饮水增加见于热性病、腹泻等，饮水减少见于腹痛、消化不良等。

图 4.13　采食正常

图 4.14　食欲减退或废绝

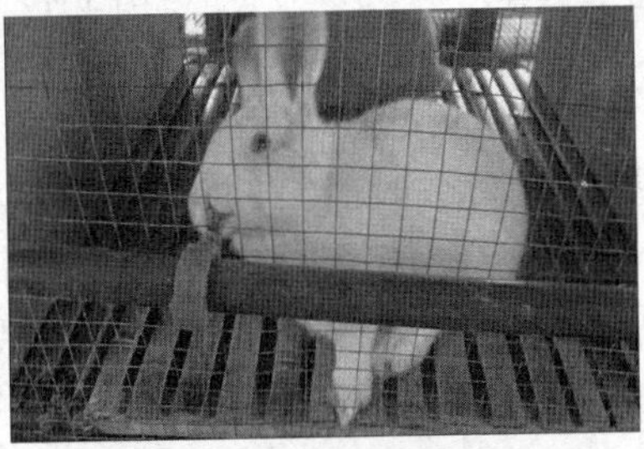

图 4.15　饮水状况良好

3. 粪便观察　根据家兔的粪便大小、形状及性质可以初步判断家兔的消化系统功能正常与否。健康家兔正常的粪便（图 4.16）如同豌豆大小的圆粒，光滑匀整、无黏液。家兔粪便的病理状况表现为软粪（与正常软粪区别）、稀粪甚至水样、便秘（粪便细小且量少）。软粪是消化道疾病早期的征兆，稀粪甚至水样则是肠道有炎症的表现，便秘是由于日粮中粗纤维含量过高、胃肠道消化功能迟缓或其他疾病所致。

粪便细小而坚硬，量少，有时几天不排粪，兔的腹部膨大，水化停滞，触摸兔下腹部可摸到坚硬粪球，多为肠便秘（图 4.17）。可内服食用油治疗，大兔 10~15 毫升、小兔 5~10 毫升，加等量温水一次内服；也可用温肥皂水灌肠，每次 20~30 毫升。

增加青绿饲料喂量，停喂精饲料，增加运动，供给充足的淡盐水，可有效预防该病的发生。

图 4.16 正常粪便

图 4.17 便秘粪便

粪便软稀（图 4.18），呈糊状或水样状，有腥臭味（图 4.19），粪便中混有未消化的食物，肛门周围粘满稀粪，多是由于饲养管理不当、突然更换饲料、饲喂不定时或不定量引起的消化不良或胃肠炎型腹泻，要求改变饲喂方法，喂易水化的饵料，防止饲料发霉变质，更换饲料要逐渐进行。病初可用 5%葡萄糖氯化钠 50 毫升，青霉素 8 万单位，5%小苏打 5 毫升，一次静脉注射，每天 1 次，连用 3 天；复方敌菌净片，每千克体重 1 片，一次内服，每天 2 次。

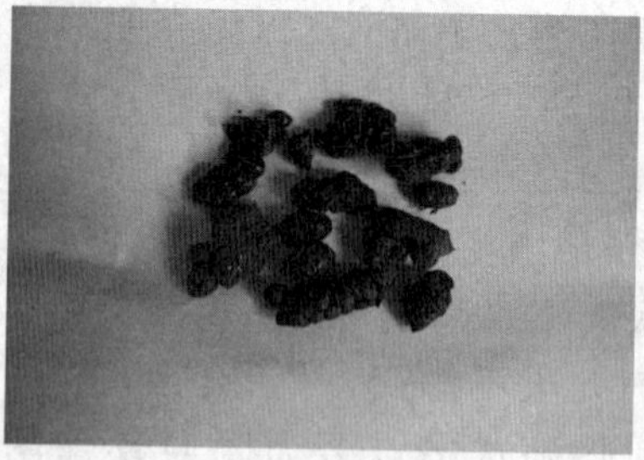

图 4.18 软粪

图 4.19 稀粪

粪球增大、稍软而无光泽，呈黑色或草绿色，兔的食欲正常，没有其他症状。主要是因为饲喂的青绿饲料过多，精饲料量过少而引起，要减少青绿饲料的喂量，适当增加精饲料的比例。

粪便恶臭，下痢，尾部、肛门周围粘满稀薄的粪便，有的病兔下痢与便秘交替发生，有时便中带有血丝，病兔消瘦、贫血、耳发白、有腹水，有时肠内有成串的粪球，死前发出尖叫声。该症多为球虫病，预防该病可在饲料中加入氯苯胍、克球粉、复方敌菌净等抗虫药物，治疗幼兔可在饮水中加入青霉素等药物，可起到止泻和治球虫病的作用。

粪便呈褐色，随即出现剧烈水泻，有时则出现胶冻样粪便，还有时排黑色水样粪便。粪便后期带血，腥臭，病兔体温不高，后肢有稀粪污染。该病症可能是魏氏梭菌症，是养兔业中比较难治的一种疾病，初期可以用魏氏梭菌病抗血清静脉注射，每千克体重 2~3 毫升，每天 2 次，有一定疗效；也可用卡那霉素，每千克体重 20 毫克，每天 2 次，连用 3 天；青霉素+链霉素+维生素 C 治疗，也可起到一定疗效。

初生乳兔的粪便呈黄白色水样，未断奶仔兔和幼兔发生严重腹泻，排出淡黄色水样粪便，粪便上带有大量黏液。病理变化：肠内充满大量气体，肠内容物呈胶冻样，多为大肠杆菌病，治疗可口服庆大霉素 2~4 毫升，每天 2 次，也可以在饲料中加入 0.5%的菌毒痢停制成颗粒饲料喂兔，能起到预防该病的作用。

粪便干硬、量少，粪球呈串状，内有兔毛，特别是初吃食的仔兔最易出现该现象，该症状为食毛病（毛球病），治疗该病可喂服食用油或泻药，灌服盐水，并增加青绿饲料的喂量。

4. 腹部检查　家兔腹部检查主要靠视诊和触诊。腹部视诊主要观察腹部形态和腹围大小。如腹部上方明显膨大，肷窝突出，是肠积气的表现；如腹下部膨大，触诊有波动感，改变体位时，膨大部随之下沉，是腹腔积液的体征。

腹部触诊时，令助手保定好家兔的头部，检查者立于尾部，用两手的指端同时从左右两侧压迫腹部。健康兔腹部柔软并有一定的弹性。当触诊时出现不安、闹动、腹肌紧张且有震颤时，提示腹膜有疼痛反应，见于腹膜炎。腹腔积液时，触诊有波动感。肠管积气时，触诊腹壁有弹性感。

（二）呼吸系统检查

1. 呼吸式检查　健康家兔呈胸腹式（混合式）呼吸，即呼吸时，胸壁和腹壁的运动协调，强度一致。出现胸式呼吸时，即胸壁运动比腹壁明显，表明病变在腹部，如腹膜炎。出现腹式呼吸时，即腹壁运动明显，表明病变在胸部，如胸膜炎、肋骨骨折等。

2. 呼吸困难检查　健康家兔在安静状态下，呼吸运动协调、平稳，具有节律性。当出现呼吸运动加强，呼吸次数改变和呼吸节律失常时，即为呼吸困难，是呼吸系统疾病的主要症状之一。临床上主要有以下三种表现形式。

（1）吸气性呼吸困难：以吸气用力、吸气时间明显延长为特征，常见于上呼吸道（鼻腔、咽、喉和气管）狭窄的疾病。

（2）呼气性呼吸困难：以呼气用力、呼气时间显著延长为特征，常见于慢性肺泡气肿及细支气管炎等。

（3）混合性呼吸困难：即吸气和呼气均发生困难，而且伴有呼吸次数增加，是临床上最常见的一种呼吸困难。这是由于肺呼吸面积减少，致使血中二氧化碳浓度增高和氧缺乏所引起。见于肺炎、胸腔积液、气胸等。心源性、血源性、中毒性和腹压增高等因素，也可引起混合性呼吸困难。

3. 咳嗽检查　健康兔偶尔咳一两声，借以排除呼吸道内的分泌物和异物，是一种保护性反应。如出现频繁或连续性的咳嗽，则是一种病态。病变多在上呼吸道，如喉炎、气管炎等。

4. 鼻液检查　健康家兔鼻孔清洁、干燥。当发现鼻孔周围有泥土黏着，说明鼻液分泌增加。应对它的表现、鼻液性状做进一步的检查。如鼻液增加，并伴有痰痒感，用两前肢搔抓鼻部或向周围物体上摩擦并打喷嚏，提示为鼻道的炎症；如鼻液中混有新鲜血液、血丝或血凝块时，多为鼻黏膜损伤。如鼻液污秽不洁，且有恶臭味，可能为坏疽性肺炎，这时可配合鼻液的弹力纤维检查。检查方法：取鼻液少许，加等量的10%氢氧化钠溶液，在酒精灯上加热煮沸使之变成均匀一致的溶液后，加5倍蒸馏水混合，离心沉淀5~10分钟，倾去上清液，取沉淀物1滴置于载玻片上，盖上盖玻片，进行显微镜检查。弹力纤维细长弯曲如毛发状，具有较强的折光力。如发现有弹力纤维，则为坏疽性肺炎。

5. 胸部检查　家兔的胸部检查应用不多。怀疑肺部有炎症时，进行胸部透视或摄片检查，可以提供比较可靠的诊断。

（三）泌尿系统检查

1. 排尿姿势检查　排尿姿势异常主要有排尿失禁和排尿带痛。尿失禁是家兔不能采取正常排尿姿势，不自主地经常或周期性地排出少量尿液，是排尿中枢损伤的指征。排尿带痛是家兔排尿时表现不安、呻吟、鸣叫等，见于尿路感染、尿道结石等。

2. 排尿次数和尿量检查　家兔排尿次数不定，日排尿量为100~250毫升。排尿量增多见于大量饮水后、慢性肾炎或渗出性疾病（渗出性胸膜炎等）的吸收期。排尿次数减少，尿量也减少，见于急性肾炎、大出汗或剧烈腹泻等。尿失禁见于腰荐部脊柱损伤或膀胱括约肌麻痹。

3. 生殖器检查　此项检查在选种时尤为重要。检查母兔时，注意乳腺发育情况及乳头数量（一般为8个），乳腺有无肿胀或乳头有无损伤，外生殖器有无变形；检查公兔时，要注意体质、性欲、睾丸发育等情况，合格种公兔应该是精神饱满，体质健康，性欲旺盛，睾丸发育良好、匀称。

第二节　兔病的剖检技术

家兔剖检技术是诊断家兔疾病的重要方法和手段。临床上许多疾病单靠流行病学、临床症状难以对病情做出准确判断，须借助病理学剖检，查看典型病理特征才能更加迅速、准确地做出判断。

一、剖检器械及工具

常见的主要剖检器械（图 4. 20）及物品包括：解剖盘、解剖剪、手术刀、镊子、手套（图 4. 21）等。

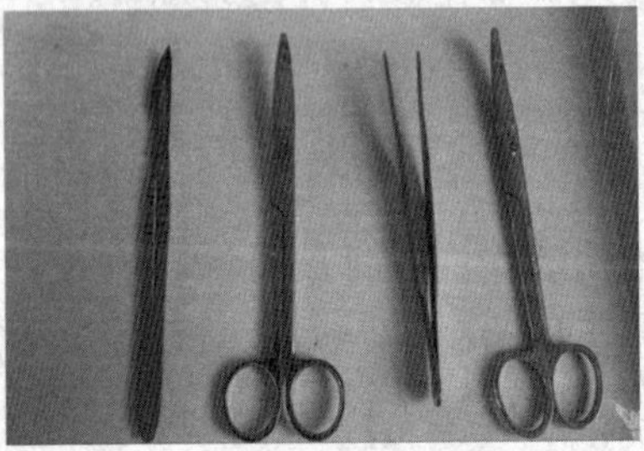

图 4. 20　剖检器械

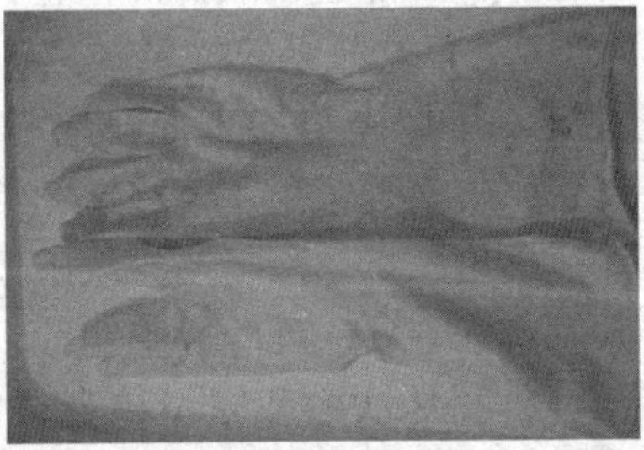

图 4. 21　手套

二、剖检方法

为了能够完整地观察到整个胸腔和腹腔，家兔的解剖方法一般采取侧卧位，将兔体左侧朝上，置于解剖盘上。按照以下步骤进行操作（图 4. 22）：第一步，剪开皮肤，用镊子从腹股沟处夹起皮肤一角，用剪刀把整个腹壁和胸壁的皮肤剪开，再用剪刀或手术刀剥离皮肤与腹壁或胸壁间的结缔组织；第二步，剖开腹腔和胸腔，用镊子把腹部右下角拣起，用剪刀小心地剪开一个小口，注意不要剪破肠道，然后剪去整个腹部肌肉，用剪刀剪断两侧肋骨、胸骨，拿掉前胸廓，暴露出整个腹腔和胸腔，以便能很好地观察。如果要观察气管和食道，则要进一步剪开颈部皮肤、肌肉和骨头。

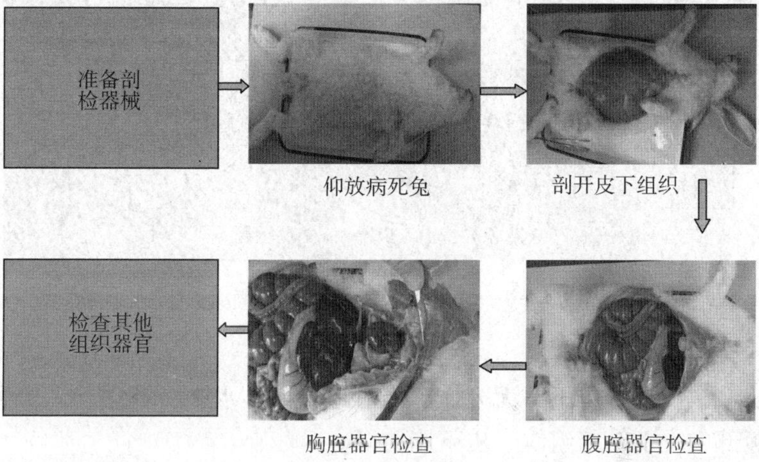

图 4. 22　解剖流程

家兔主要脏器如图 4. 23 所示。

三、检查内容

（一）外部检查

在进行尸体解剖前，要先仔细了解病兔的生前情况，尤其是比较明显的临床症状，以缩小对所患疾病的考虑范围，使剖检有一定导向性。外部检查内容包括品种、性别、年龄、毛色、特征、体重及营养状况，以及被毛、天然孔、皮肤、可视黏膜等。

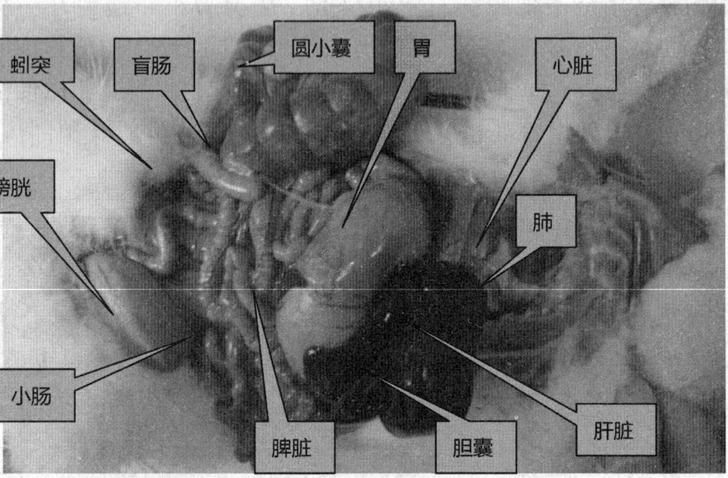

图 4.23　家兔主要内脏器官

（二）皮下检查

主要检查皮下有无充血、出血、瘀血、水肿、炎症、乳房和腹部的皮下结缔组织、皮下脂肪等。

（三）头颈部检查

主要检查口腔黏膜、舌、鼻腔、喉头黏膜及气管、食管、淋巴结等，注意有无充血、出血及炎性分泌物。

（四）胸腔检查

依序检查心脏、肺、胸膜等。主要检查胸腔、心包腔有无积液及其性状，心肌是否充血、出血、坏死等，查看胸膜是否光滑，有无粘连，肺脏是否肿大，有无出血点、斑疹及白色结节。

（五）腹腔检查

打开腹腔后，依次查看肝脏、胆囊、胃、脾脏、肠道、淋巴结、肾脏、膀胱等。主要检查肝脏的形态、大小、色泽、质地、包膜性状，有无出血、结节、坏死等；胆囊上有无小结节以及黏膜的变化；胃是否膨大、充满气体和液体，胃黏膜有无脱落水肿、出血、充血、溃疡、肥厚等；脾脏是否肿大，有无白色结节；肠黏膜有无肿胀、充血、出血、发炎，肠系膜、淋巴结有无肿大、出血，十二指肠是否充满气体，空肠是否充满胶样液体，回肠内容物形状，结肠是否扩张；膀胱是否扩张，积尿颜色；肾表面的色泽，有无出血、充血、瘢痕、梗死等，肾盂有无积尿、积脓、结石等。

第三节　兔病的实验室诊断与检查

一、病毒性疾病的实验室诊断

家兔大多数病毒性疾病需要在临床诊断的基础上，进一步进行实验室诊断来确诊。

（一）病毒分离技术

被检材料研磨除菌后，接种到本动物或实验动物上，引起相应的症状或病变。接种到细胞后能引起细胞病变，而且继续传代后仍然能保持。通过该技术能证实被检材料中存在活的、能够在体外复制的有传染性的病毒，其临床意义较大。病毒分离技术特异性强，假阳性少，但所需时间较长，对实验室要求较高。

（二）病毒的检测

1. 红细胞凝集试验　有些病毒具有凝集某些动物红细胞的能力，称为病毒的血凝，利用这种特性设计的试验称血凝试验，对兔出血症最简单又准确的方法就是血凝试验，通过利用肝脏、脾等组织进行红细胞凝集试验，很快就能确诊。

2. 血清学诊断　是利用阳性血清来检测病毒性疾病的感染，这些检测技术比组织培养分离病毒更加迅速，在许多情况下，几乎同样敏感。常用的有直接凝集试验、间接凝集试验、琼脂免疫扩散试验、免疫荧光试验、酶联免疫吸附试验等。

3. 包涵体检测 有些病毒感染细胞后会产生包涵体，所以可以通过做组织切片或涂片检查包涵体来进行诊断。比如兔的黏液瘤病，就可以通过观察其皮肤组织中的包涵体来确诊。

4. 电镜技术 在某些病毒感染早期的标本中，可以直接检查到病毒颗粒，并从形态学上鉴别病毒的种类，但电镜设备昂贵，这种方法很难作为病毒性疾病的常规诊断方法。

5. 病毒核酸的检测 核酸探针杂交法和聚合酶链反应（PCR）是检测病毒核酸的常用方法。核酸探针杂交法的基本原理是使彼此准确互补的两条核苷酸序列在一定条件下，牢固地相互结合形成双链核苷酸，用放射自显影可证实靶序列的存在。此种方法特异性强，但目前应用尚不够普遍。PCR 法有极高的灵敏度，可以检出单个受感染细胞内的病毒核酸甚至单个分子的 DNA，但是假阳性率相对较高。

二、细菌性疾病的实验室诊断

（一）细菌分离培养技术

无菌取心血、肝脏、淋巴结、肠内容物等组织，接种到合适的培养基上，挑取可疑的单个菌落纯化培养，再通过生化试验或血凝试验来进行验证。

（二）组织触片镜检

取心血涂片或肝脏触片，在火焰上固定后，利用美蓝染色后，再通过显微镜观察有无细菌的存在。

（三）动物试验

在进行细菌分离纯化、生化试验的基础上，利用实验动物进行人工发病试验，以便进一步明确所分离细菌的致病力。

三、寄生虫性疾病的实验室诊断

（一）虫体检查法

对于寄生在家兔体表的寄生虫，如痒螨、疥螨等，可采用肉眼观察和显微镜观察相结合的检查方法。取头、耳、鼻、足等容易寄生部位的毛发、皮屑等，或者刮取患病皮肤与健康皮肤交界处，这里的螨较多。刮取时先剪毛，取凸刃小刀，在酒精灯上消毒，使刀刃与皮肤表面垂直，刮取皮屑，直到皮肤轻微出血（此对检查寄生于皮内的疥螨尤为重要）。将刮下的皮屑，置于载玻片上，滴加50%甘油溶液，覆以另一张载玻片。搓压玻片使病料散开，分开载玻片，置显微镜下检查。

（二）虫卵检查法

1. 肝球虫检查　把怀疑为肝球虫的肝结节置于载玻片上，压上盖玻片直接用显微镜观察，如果看见大量的球虫卵囊，则为肝型球虫。

2. 肠内容物检查　用镊子夹取肠内容物直接在载玻片上涂抹，滴上几滴蒸馏水，在低倍显微镜下直接观察，如果能看到球虫卵囊，则可明确诊断为肠球虫。

3. 粪便检查　许多寄生虫，特别是寄生于消化道的虫体，其虫卵、卵囊或幼虫均可通过粪便排出体外，通过检查粪便，可以确定是否感染寄生虫或确定寄生虫的感染强度。所以粪便检查是寄生虫病检查最主要的方法。可利用的方法主要有：①直接涂片法，取50%甘油水溶液或普通水1～2滴滴于载玻片上，镊取黄豆大小的被检粪块与之混匀，抹薄涂匀，盖上盖玻片镜检。本法最为简便，但检出率不高。②漂浮集卵法，取5～10克粪便置于烧杯中，先加入少量饱和盐水，搅拌混合后再加入约20倍的漂浮液，用金属筛或纱布滤去粪渣，滤液静置30～60分钟，用直径0.5～1.0厘米的金属圈蘸取表面液膜，抖落于载玻片上，加盖片后镜检；沉淀集卵法，取1~2克被检粪便于试管中，加5倍量的水制成悬浮液，经40孔/厘米^{2}铜筛过滤到一离心管中，以800转/分离心3~5分钟，弃上清，将沉渣置载玻片上，镜检虫卵。③麦氏计数法，是常用的虫卵计数方法之一，取粪样2克放入三角烧瓶内，加饱和盐水58毫升和玻璃珠若干，充分震荡使之成混悬液，吸取混悬液注入麦氏计数室，置显微镜下计算计数室（1厘米^2）内虫卵数。由于每室混悬液等于0.15毫升，结果乘以200，即为每克粪便虫卵数。通常一次计数4室，然后按平均值计。

四、实验室检查的内容和方法

（一）血液检查

最常用的是血液常规检查。内容包括：血沉测定、血红蛋白测定、红细胞计数、白细胞计数和白细胞分类计数等5项。有时还做血浆二氧化碳结合力测定和红细胞压积容量测定。方法及临床意义可参照其他家畜的血液检查。现将健康家兔血液有关项目的生理指标的平均值及变动范围介绍如下：

血沉（魏氏法）：15分钟为0，30分钟为0.3，45分钟为0.9，60分钟为1.5；

血红蛋白（每升血液内的克数，以下各项同）：117；

红细胞：6.9×10；

白细胞：8×10（7~9）×10；

白细胞分类：嗜碱性粒细胞0.04，嗜酸性粒细胞0.015，幼稚型嗜中性粒细胞0.01，杆状核嗜中性粒细胞0.015，分叶核嗜中性粒细胞0.3，淋巴细胞0.52，单核细胞0.04，其他细胞0.06；

红细胞压积容量：0.41（0.31~0.5）；

血浆二氧化碳结合力（毫摩/升）：17.84±3.26。

（二）尿液检查

1. 透明度　将尿盛于清洁的玻璃试管内，对光观察，以判定其透明度。健康兔尿是透明的，如果变混浊，是因为尿中混有黏液、白细胞、上皮细胞及坏死组织片所致，见于肾脏和尿路疾病。

2. 尿色　尿色可因饲料、饮水等而略有差异，一般为微黄色。当尿中含有血液、血红蛋白或肌红蛋白时，则尿呈红色或红褐色。有些药物可以影响尿的颜色，如应用台盼蓝或美蓝时，尿呈蓝色。

3. 尿的气味　家兔的尿和其他家畜尿一样，具有特殊的略带刺激性的气味，尿液愈浓，气味愈烈。膀胱炎时尿有氨臭味，膀胱或尿道发生溃疡、坏疽时，尿有腐败臭味。

4. 尿的相对密度　家兔尿的相对密度为1.003～1.036。尿的相对密度增加，见于脱水性疾病，如大量腹泻等。

（三）粪便检查

1. 粪便的感观检查　主要检查粪便的硬度、色泽、气味、混合物等（详见消化系统检查）。

2. 粪便的化学检查　主要做潜血检查。因为潜血肉眼不能发现，只有应用化学试剂才能检查出来。一般采用联苯胺法。即于试管中放入少许联苯胺，加适量的冰醋酸，制成饱和溶液，再加少量过氧化氢液，最后加入预先煮沸冷却的粪便混悬液，如变为绿色或蓝绿色，表明粪便中含有血液，此情况多见于出血性胃肠炎。

第四节　兔病常用药物与给药方法

有目的、有计划地对兔群应用药物进行预防和治疗是兔病综合防制的措施之一。尤其在疫病流行季节之前或流行初期，将安全、广谱、价廉、有效的药物加入到饲料或饮水中，往往可收到事半功倍的效果。

一、常用药物及分类

家兔常用药物的使用方法见表 4.1。

表 4.1　家兔常用药物使用表

类别	药物名称	适用病症	剂型	用法用量	注意事项及不良反应
β-内酰胺类	青霉素	兔葡萄球菌病、乳房炎、脚皮炎等	注射用青霉素钠；注射用青霉素钾	肌内注射，每千克体重 3 万～4 万单位，每天 2 次，连用 3 天	溶于水后不稳定，很快水解，现用现配。不良反应除局部刺激外，主要是过敏反应
	氨苄西林	大肠杆菌病、巴氏杆菌病、沙门杆菌病、葡萄球菌病等	注射用氨苄西林钠	肌内注射，每千克体重 15 毫克，每天 2 次，连用 3 天	注意事项及不良反应同青霉素
	阿莫西林	巴氏杆菌病、大肠杆菌病、沙门杆菌病、葡萄球菌病和链球菌病等	阿莫西林可溶性粉；注射用阿莫西林钠	阿莫西林可溶性粉：每升水加 60 毫克（以阿莫西林计算），连用 3～5 天；注射用阿莫西林钠：每千克体重 15 毫克，每天 2 次，连用 3～5 天	
氨基糖苷类	硫酸链霉素	兔多杀性巴氏杆菌病、大肠杆菌病、沙门杆菌病，呼吸道疾病等	注射用硫酸链霉素	肌内注射，每千克体重 10～15 毫克，每天 2 次，连用 2～3 天	对氨基糖苷类过敏的兔禁用，常与青霉素联合使用，不良反应主要有过敏反应、神经肌肉的阻断作用

续表

类别	药物名称	适用病症	剂型	用法用量	注意事项及不良反应
氨基糖苷类	硫酸庆大霉素	同硫酸链霉素	硫酸庆大霉素注射液	肌内注射，每千克体重3~5毫克，每天2次，连用2~3天；口服，每千克体重5~10毫克，每天2次	不要与β-内酰胺类药物在体外混合，不良反应同链霉素相似，对肾脏有较严重的损害作用
	硫酸新霉素	革兰氏阴性菌导致的消化道疾病	片剂；可溶性粉；预混剂	片剂：内服，每千克体重10~20毫克，每天2次，连用2~3天；可溶性粉：混饮，每升水加50~75毫克，连用3~5天。预混剂：每吨饲料加77~154克，连用3~5天（均以新霉素计算）	新霉素在氨基糖苷类中毒性最大，易引起肾和耳毒性
多肽类	恩拉霉素	葡萄球菌病、魏氏梭菌病和腹胀病等	预混剂	混料，每吨饲料加10~20克（以恩拉霉素计算），连用1~2周	
	硫酸黏菌素	大肠杆菌、沙门杆菌等导致的消化道疾病，巴氏杆菌病和绿脓杆菌感染	可溶性粉；预混剂	可溶性粉：混饮，每升水加40~200毫克，连用3~5天。预混剂：拌料，每吨饲料加2~40克连用3~5天（均以黏菌素计算）	避免连续用药1周以上和超剂量应用

续表

类别	药物名称	适用病症	剂型	用法用量	注意事项及不良反应
四环素类	土霉素	兔大肠杆菌病、沙门杆菌病、巴氏杆菌病、波氏杆菌病、子宫内膜炎等疾病	土霉素注射液	肌内注射，每千克体重5~10毫克，每天2次，连用3天	兔不宜内服，不良反应主要有局部刺激、二重感染等
磺胺类	磺胺氯吡嗪	兔球虫病	磺胺氯吡嗪钠可溶性粉	口服：每千克体重10毫克，连用5~10天；拌料：每吨饲料2000克，连用3天；混饮：每升水1克，连用3天	注意充分饮水，以增加尿量，促进排出，不良反应主要有急性中毒和慢性中毒
	磺胺脒	兔细菌性肠炎、腹泻等疾病	磺胺脒片	内服，每千克体重100~200毫克，每天2次，连用3~5天	不良反应同磺胺氯吡嗪
	磺胺间甲氧嘧啶	兔沙门杆菌病、巴氏杆菌病、葡萄球菌病、球虫病、弓形虫病等	磺胺间甲氧嘧啶片	片剂：口服，每千克体重首次量50~100毫克，维持量25~50毫克，每天2次，连用3~5天	不良反应同磺胺氯吡嗪
喹诺酮类	恩诺沙星	兔大肠杆菌病、沙门杆菌病、巴氏杆菌病、葡萄球菌病、波氏杆菌病等	恩诺沙星可溶性粉；恩诺沙星溶液；恩诺沙星片；恩诺沙星注射液	可溶性粉和溶液：混饮，每升水加50~75毫克，连用3~5天；片剂：内服，每千克体重2.5~5毫克，每天2次，连用3~5天；注射液：肌内注射，每千克体重2.5~5毫克，每天2次，连用2~3天	

续表

类别	药物名称	适用病症	剂型	用法用量	注意事项及不良反应
酰胺醇类	氟苯尼考	巴氏杆菌和波氏杆菌引起的呼吸道病，沙门杆菌、大肠杆菌引起的肠道病	氟苯尼考粉；氟苯尼考溶液；氟苯尼考注射液	粉剂：内服，每千克体重20~30毫克，每天2次，连用3~5天；溶液：混饮，每升水100毫克，连用3~5天；注射液：肌内注射，每千克体重20毫克，每隔48小时1次，连用2次（均以氟苯尼考计算）	
阿维菌素类	伊维菌素	兔胃肠道各种寄生虫病和兔螨虫病	伊维菌素预混剂；伊维菌素注射液	注射液：皮下注射，每千克体重0.2毫克；预混剂：每吨饲料加2克（以伊维菌素计），连用7天	仅能采用皮下注射，肌内、静脉注射容易引起严重的中毒反应
二硝基类	氯苯胍	兔球虫病	盐酸氯苯胍片；盐酸氯苯胍预混剂	片剂：内服，每千克体重10~15毫克；预混剂：拌料，每吨饲料加150克（以氯苯胍计）	长期使用可能产生耐药性，注意轮换和交替使用
三嗪类	地克珠利	兔球虫病	地克珠利预混剂；地克珠利溶液	预混剂：拌料，每吨饲料加1克；溶液：混饮，每升水0.5~1毫克	药效期短，停药2天后作用基本消失，必须连续用药；混饮溶液稳定期短，必须现配现用
驱绦虫药	吡喹酮	兔绦虫病和囊尾蚴病	吡喹酮片	内服，一次剂量，每千克体重10~20毫克	

二、家兔给药的方法

家兔给药途径和方法的不同，会直接影响到药物作用和疗效，也有可能改变药物的基本作用。临床上，根据不同疾病、病情程度及药物性质不同，需要采取不同的给药途径和给药方法。

（一）内服给药

优点是：操作简单，使用方便，适用于多种药物，尤其是治疗消化道疾病；缺点是：药物易受胃、肠内环境的影响，药量难以掌握，药效慢，吸收不完全，有些药还会对家兔胃肠道有强烈的刺激作用，容易造成家兔的不适。内服给药的方法有自行采食、口服、灌服等。

1. 自行采食 适用于毒性小、适口性好、无不良异味的药物，主要用于大规模兔群预防性给药或驱虫。按要求的添加比例将药物均匀地拌入饲料或饮水中（混水药必须易溶于水），让兔自由采食或自由饮水。

2. 口服 口服法适用于食欲废绝的病兔及使用药物剂量小、有异味的片、丸剂药物。分为三种：一是直接喂给家兔吃；二是混合在食物中，让其自行采食；三是碾碎后用水稀释，再用注射器直接给兔子灌饲。

3. 灌服 灌服给药（图4.24）适用于食欲废绝的病兔及药量小、有异味的药物及液体性药剂。把药物碾碎加入少量水混匀，将汤匙倒执喂药，也可用注射器或滴管吸取药液，从口角缓缓灌入。

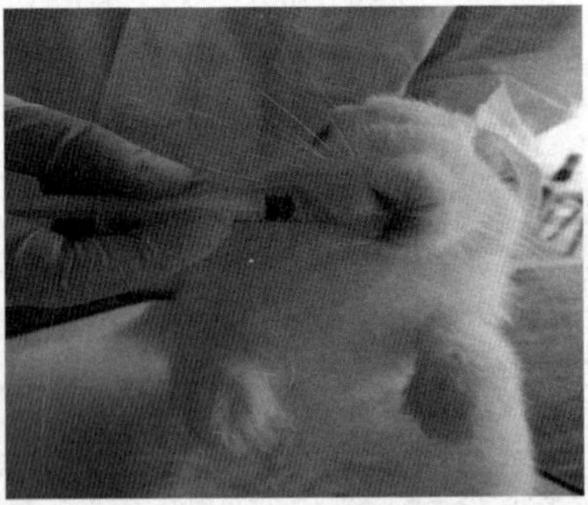

图4.24 灌服给药

（二）注射给药

注射给药药量准、吸收快、起效快、安全、节省药物，但需要掌握一定的操作技巧，把握好药品用量及做好注射器、针头、注射部位等的消毒工作。常用的注射给药方法因注射部位不同分为肌内注射、皮下注射、静脉注射、腹腔注射、气管内注射等几种。

1. 肌内注射　肌内注射（图 4.25）适用于多种药物的注射，但强刺激剂（如氯化钙等）不能肌内注射，通常选在肌肉丰满的臀肌和大腿内、外侧部位，局部剪毛消毒后，针头垂直于皮肤迅速刺入一定深度，回抽无回血后，缓缓注入药液，注意不要损伤血管、骨骼和神经。

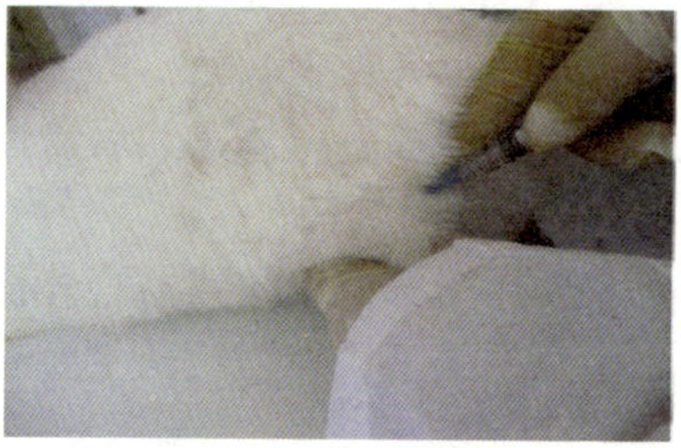

图 4.25　肌内注射

2. 皮下注射　皮下注射（图 4.26）主要用于疫苗和无刺激性药物的注射，一般选择颈部、股内侧或股下皮肤松弛、易移位的部位，局部剪毛后，用 70% 乙醇棉球或 2% 碘酒（碘酊）棉球消毒，左手拇指、食指和中指捏起皮肤呈三角形，右手如执笔状持注射器斜向刺入，不能垂直刺入，慢慢注入药液。

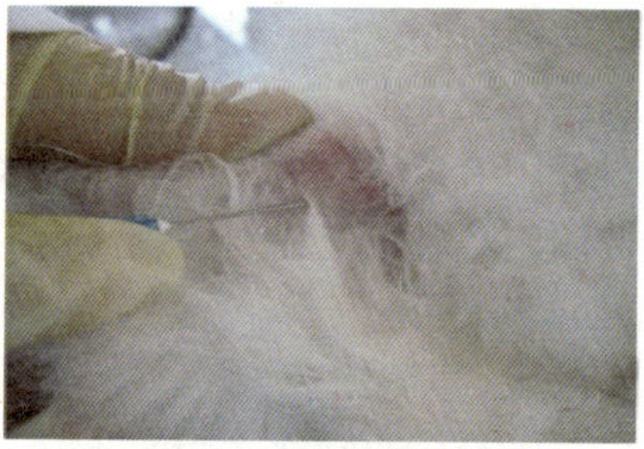

图 4.26　皮下注射

3. 静脉注射　本法多用于刺激性强、不宜做肌内或皮下注射的药物，也多用于补液，注射部位多在耳外缘静脉，静脉不明显时，可用手指弹击或用乙醇棉球擦拭静脉处皮肤，直至静脉充血扩张，立即捏住耳尖，沿着耳缘静脉刺入针头。

4. 腹腔注射 多在静脉注射困难或病兔心力衰竭需要补液时选用，一般选在脐后部腹底壁，偏腹中线左侧3厘米处，剪毛消毒后，抬高兔后躯，对着脊柱方向、针头呈60°刺入腹腔，回抽注射器不见气体、液体、血液及肠内容物后可注入药物。腹腔注射所用针头不宜粗、大，并且针头刺入不宜过深，以免损伤内脏，并且一般最好在饲喂后2~3小时进行腹腔注射。

5. 气管内注射 适用于治疗气管、肺部疾病及肺部驱虫等，在颈上1/3下界正中线上，剪毛消毒后，垂直刺针，刺入气管后阻力消失，回抽有气体，然后慢慢注入药物。

（三）外用给药

主要用于家兔组织或器官外伤、体表消毒、皮肤真菌病和体表寄生虫的灭杀。外用给药主要有洗涤、涂擦、浇泼、点眼4种方法。

洗涤用于清洗眼结膜、鼻以及口腔等部的黏膜、污染物或感染创的创面等；涂擦用于局部感染和疥癣等的治疗；浇泼主要用于杀灭体表寄生虫；点眼用于家兔患眼疾需要治疗或进行眼球检查。外用给药应防止药物经体表吸收引起中毒反应，尤其在大规模群体用药时，应特别注意药物的毒性、用量和作用时间，必要时可分多次用药。

（四）直肠给药

直肠给药通常称之为灌肠。当发生便秘、毛球病等，内服给药效果不好时，采用直肠内灌注法。首先将药液加热至接近体温，然后将病兔侧卧保定，后躯高，用涂有润滑油的橡胶管或塑料管，经肛门插入直肠8~10厘米深，然后用注射器注入药液，捏住肛门，停留5~10分钟然后放开，让其自由排便。

三、兔病的日常处理程序

在做好各项工作的基础上，兔群发病率将大大下降，成活率、育成率均能达到较高的水平。但兔病还是会经常发生的，并不是做了疫苗注射和药物预防就万事大吉了。发现兔病正确处理在兔病防制及防疫工作中十分重要。

（一）及时发现，尽快处理

每天应对每只兔检查 1～2 次，发现疾病随即处理。耽误时间，就会丧失治疗的机会，因此，兔发病后治疗得越早越好。

（二）初步判断，尽快用药

对于能做出明确判断的病，如疥螨、脱毛癣、乳房炎等可采取针对性的治疗措施；对于腹泻、发热、食欲差等病因不确定的，应首先给予一定的药物治疗。对于腹泻病，可给予口服或注射抗菌药物，特别是幼兔拉稀发病较多，一般及早给予抗菌药配合其他药物能有较高的治愈率，而对于魏氏梭菌下痢及其他非细菌性下痢则另当别论。若病兔不下痢，仅见食欲减退或废食，应主要考虑肺部疾病或全身性疾病，肌内注射抗菌药物，效果较显著，一般 1 天用药 2 次，连续用药 3～5 天。对于传染性较强的病，如螨病、脱毛癣等，若不是新引进兔，在原兔群中发现个别病例症状明显，表明全群已被感染，应全群用药，控制流行，可减少发病率。

（三）病死兔应做病理剖检

兔在死后应立即剖检。检查病变主要在胸腔还是在腹腔。肺、肝、肾、肠道等主要部位有哪些病理变化，据此做出初步判断。这样做便于积累知识和经验，对于长期从事养兔业的人来说十分重要。如遇兔群死亡率突然增高，病理剖检能及时做出诊断，对指导疾病的防制显得更为重要。

（四）及时淘汰病残兔

一些失去治疗价值及经济价值的兔应及时淘汰，如严重的鼻炎兔、反复下痢的兔、僵兔、畸形兔以及失去繁殖能力的兔。一些病兔虽然能存活，但病又不能治愈，应尽早淘汰，以避免大量散布病原菌。有的抵抗力下降，易染疾病，也应淘汰。

（五）正确处理病死兔

所有病死兔剖检后，如不送检，应在远离兔舍处深埋或烧毁，减少病原散播，千万不能乱扔，或给狗、猫吃。

若兔群发病死亡率突然升高，又查不出病因，没有很好的治疗办法，应尽早送新鲜病死兔到有条件的兽医部门进行诊断，以免耽误时机，造成更大损失。

第五章 兔常见病的防制技术

第一节 常见病毒性疾病的防制

一、兔病毒性出血症

兔病毒性出血症俗称兔瘟，是由兔病毒性出血症病毒（RHDV）引起的一种急性、烈性和高度接触性传染病，1989 年 OIE 将该病正式列为 B 类传染病，我国将其列为二类传染病。主要以呼吸系统充血、出血，肝、肾、脾以及消化道发生出血症状。本病的发病死亡率极高，对养兔生产危害极大。

（一）流行病学

该病自然感染条件下，只导致兔发病。病兔、病死兔、隐性感染带毒兔、带毒野兔以及其内脏器官、附属物、排泄物等是本病的传染源。兔病毒性出血症病毒可通过粪尿、皮肤、呼吸和生殖道排出体外，主要通过消化道、呼吸道等途径传播感染。尤其是 2 月龄以上的青年兔和成年兔易感染发病，40 日龄以下仔幼兔和部分老龄兔不易感。本病一年四季均有发生，春、秋季发病率相对较高。在新疫区或未接种疫苗的兔场一旦发病，死亡率极高。目前普遍重视本病的预防，发病率大为下降，但仍有发生，主要是忽视了合理规范使用疫苗或执行免疫程序。

（二）临床症状

自然感染兔病毒性出血症的兔潜伏期48～96小时，人工感染潜伏期一般为16～72小时。根据本病的病程、发病症状可将其分为最急性型、急性型和慢性型三种类型。

1. 最急性型　最急性型（图5.1）病例常发生于非疫区、流行初期或根本没有免疫接种的兔场。多数病例无明显的临床征兆就死亡，少数病例在兔笼内表现出短暂的兴奋、狂奔乱跳，有的突然出现抽搐倒地、四肢呈划水样、伴有尖叫声等症状，然后出现昏迷，临死前角弓反张，头往后仰，眼球突出；有的病兔口鼻有血色泡沫样液体流出，肛门松弛，有淡黄色黏液流出，黏附在肛门周围。

2. 急性型　此类型常见于流行中期，病程一般为12～48小时。病兔出现精神不振、头低耳耷、饮欲增加、食欲减退或废绝，体温升高，达41℃以上，呈稽留热，初期呼吸急促乃至呼吸困难。大多数病例在临死之前会出现兴奋、狂奔乱跳、挣扎等，临死时病兔体温下降，伴有尖叫声；死后少数病例口鼻有出血症状（图5.2），并且肛门周围有淡黄色胶样物质黏附。孕兔可发生流产和死胎。

3. 慢性型　此类型病例比较少见，常发于老疫区或流行后期。病兔表现精神不振，饮食欲减退，身体消瘦，四肢无力，伏于地面或笼底板上，到最后一般虚弱衰竭而死，病程一般1周左右，有的甚至可拖延10天以上。少数兔可耐过，但耐过兔生产性能、繁殖性能明显下降。

图 5.1　最急性型病兔突然死亡

图 5.2　急性型病兔死亡且口鼻出血

（三）病理变化

最急性、急性型病死兔以全身实质器官瘀血、出血为主要变化。主要表现为气管出现严重的瘀血和出血，管腔内有大量泡沫样血液（俗称红气管）（图 5.3）。

肺部有充血、出血（图 5.4、图 5.5）、瘀血、水肿症状；肝脏肿大瘀血，质地变脆，表现有出血点，有的呈暗黑色，切面粗糙，有暗红色血液流出，胆囊肿大。

图 5.3　兔瘟红气管症状

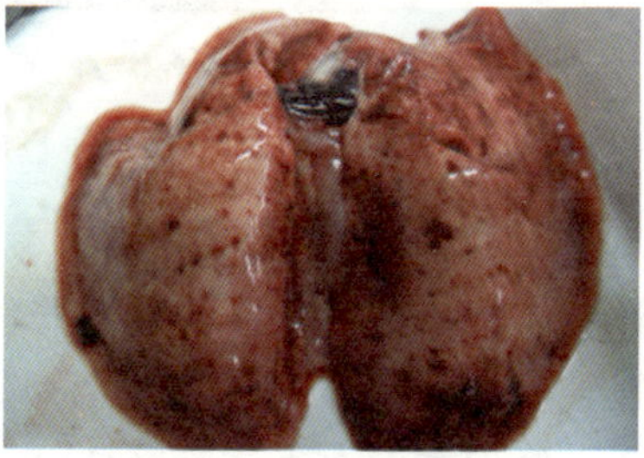

图 5.4　肺部出血症状

脾脏瘀血肿大，颜色呈黑紫色（图 5.6），边缘钝圆，质地变脆；肾脏肿大，表面有出血斑点（图 5.7），有的病例肾脏出现变性、坏死灶等症状，呈花斑肾。

胃浆膜有出血症状，小肠黏膜充血、出血，肠系膜淋巴结肿大、出血；膀胱积尿，膀胱黏膜也有出血点症状。

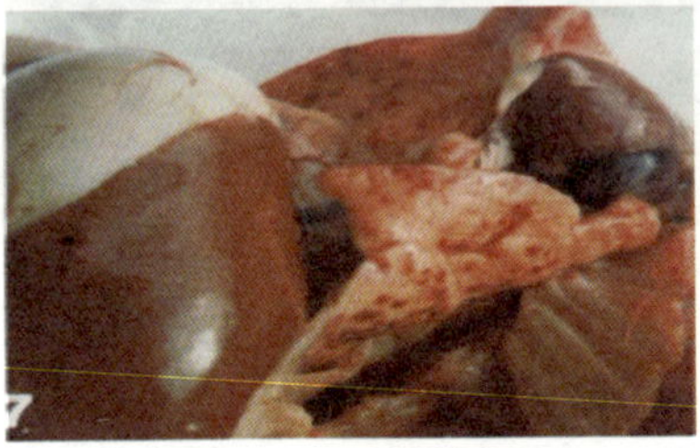

图 5.5　肺部弥漫性出血

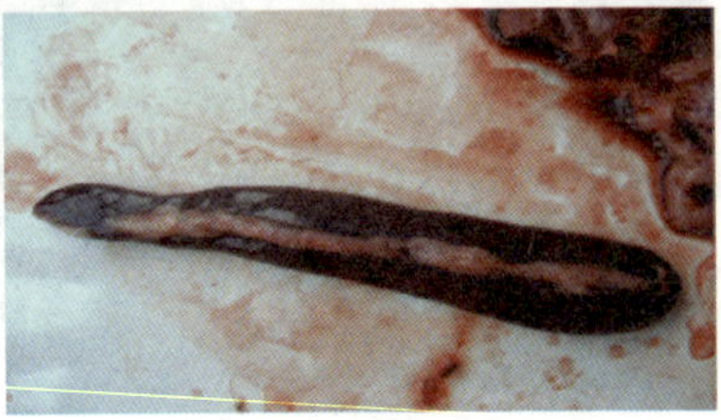

图 5.6　脾脏呈黑紫色、肿大

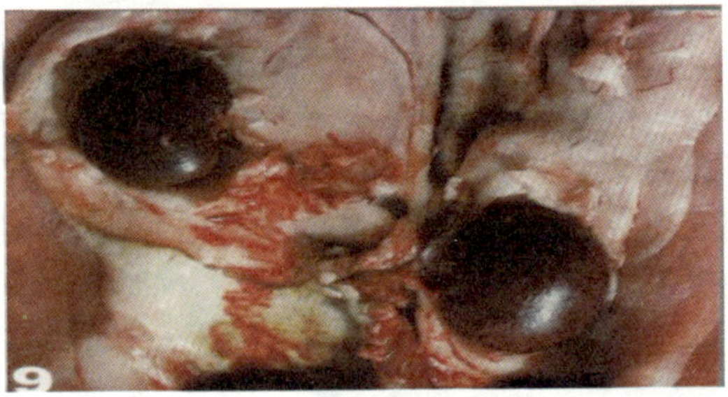

图 5.7　肾脏肿大、出血

（四）诊断方法

2 月龄以上的兔发病急、病程短，死亡时口鼻流出血色泡沫样液体是典型症状；实质性器官表现充血、出血、瘀血，特别是红气管症状是本病的特征性病变。根据这些特点可做出初步诊断。确诊需做血凝试验（HA）和 PCR 检测等。

（五）综合防制措施

1. 预防措施　免疫接种是防制该病的首要措施，规模化兔场最好是根据抗体检测结果制订科学合理的免疫程序，确定仔幼兔的首免日龄以及种兔群每年的免疫间隔期。一般采用兔病毒性出血症灭活疫苗进行免疫，种兔群推荐每年免疫接种 2~3 次，皮下注射，每只 2 毫升；仔幼兔选择在 35~45 日龄进行首免，皮下注射，每兔 1 毫升。对于新兔场要严把引种关，禁止到发病疫区引种，对新引进的兔群一定要做好隔离观察，一般隔离观察 2 周以上方可合群。兔场内禁止收购兔皮、兔毛、兔肉等兔产品及附属物。一旦发病对全场，包括饲草兔舍、过道、粪沟、笼地板、产仔箱等设施设备进行严格的消毒处理，消毒剂可选用 2% 烧碱、过氧乙酸（1∶500）等。对于病死兔，一定要做好深埋或焚烧等无害化处理。

2. 治疗　该病属病毒性疾病，一般的抗生素只能起到控制继发感染的效果，治疗该病难以收效，主要采用注射高免血清或兔病毒性出血症灭活疫苗紧急接种。具体方法：采用兔瘟高免血清对兔群肌内注射，每只 5 毫升，连用 3 天后可收到明显效果；无高免血清的可采用紧急接种方法，2~3 倍兔病毒性出血症灭活疫苗剂量，肌内注射，一般 3 天后可控制病情蔓延，7 天后可控制本病的发生。

二、兔轮状病毒病

兔轮状病毒病是由轮状病毒引起的仔、幼兔的一种消化道传染病，临床上以病兔拉稀、腹泻、脱水为主要特征。

（一）流行病学

兔轮状病毒病主要发生于断奶前后的仔、幼兔（一般 2~6 周龄为主）。青年兔、成年兔也偶见感染，一般感染后不表现出临床症状，有的只是轻微的一过性肠炎，但这些兔群会成为长期带毒者，不断向外界环境中排放病毒，成为传染源。病兔及带毒兔为本病的主要传染源。轮状病毒主要存在于病兔、带毒兔的肠道中，随排泄物不断排出体外，污染环境，导致其他健康兔群感染发病。本病的传播方式为水平传播，传播途径为消化道，老鼠、蚊子、苍蝇等为本病的主要传播媒介。本病呈地方性流行或散发性，在寒冷的晚秋至早春寒冷季节发病率较高，兔场一旦感染该病原，病原会在兔场中长期存在，以后生产中会频发本病。

（二）临床症状

本病的潜伏期一般为18~96小时。仔、幼兔发病后先表现精神不振，昏睡，体温升高，食欲减退或废绝，躲于兔笼角落，打堆成团（图5.8）；到中期病兔出现水样腹泻，腹泻兔后肢及肛门周围均沾有粪便，腹泻导致病兔身体严重脱水，死前体温下降。

未断奶仔兔发生该病后，通常表现为身体瘫软，不吃奶，排稀软粪便，数日后死亡。青年兔与成年兔一般无临床症状，个别出现轻微的腹泻，病程很短，大多数均能自然康复。

（三）病理变化

病兔尸体脱水严重，剖检可见小肠肠壁变薄，充血、出血严重（图5.9），肠道内含有黄色或淡黄色样内容物。肠黏膜有出血斑，肠上皮细胞脱落严重。结肠有瘀血症状。盲肠中粪便带有黏液物质。有的病例实质器官出现瘀血、出血症状。

图5.8　发病仔兔精神沉郁、打堆成团

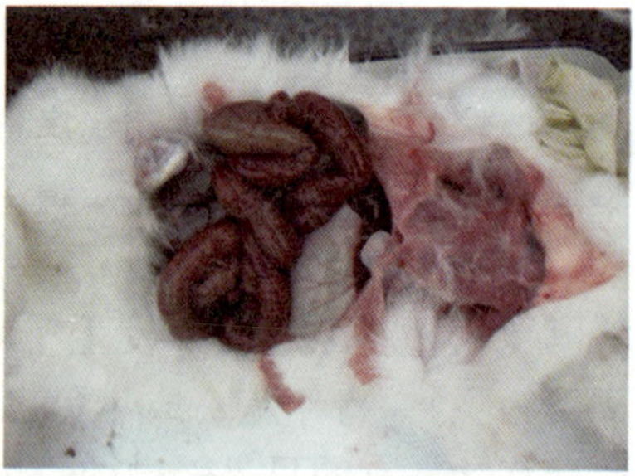

图5.9　病兔肠道严重出血

（四）诊断方法

根据临床症状难以诊断该病。可采用病毒分离鉴定，荧光抗体、酶联免疫吸附试验或中和试验等进行实验室确诊。

（五）综合防制措施

1. 预防措施　加强日常饲养管理是防制该病的重要手段，日粮结构合理，做好清洁卫生和日常消毒防疫措施，尽量减少各种应激因素，特别要注重断奶前后的管理，寒冷季节要注意防寒保暖。发生该病后要将病兔立即隔离治疗，病死兔要进行严格的无害化处理，全场严格消毒（选用碘、氯制剂类消毒剂）。

2. 治疗　该病也是病毒性疾病，没有特效药物，主要采取防止继发感染和对症治疗的措施。首先采用1%黄芪多糖注射液进行肌内注射，每兔2毫升，1天2次，连用3天；同时口服磺胺脒，每千克体重200毫克，1天2次，连用3天；腹泻严重的兔还可耳静脉或腹腔注射葡萄糖生理盐水进行补液，每兔注射15~20毫升，1天2次，连用3天。

三、兔传染性水疱性口炎

兔传染性水疱性口炎是由传染性水疱性口炎病毒引起的一种急性传染病，俗称流涎病。临床上以口腔黏膜出现水疱性炎症、流涎为主要特征。

（一）流行病学

本病主要发生于1~3月龄的仔、幼兔，特别是断奶后1~2周的幼兔最易发生，成年兔很少发病。病死兔和带毒兔为本病的主要传染源。病兔、带毒兔口腔分泌物、唾液、坏死组织以及其他病料组织中均含有大量病毒。本病主要通过水平传播，消化道是主要传播途径，一般通过直接或间接被污染了的饲料、饮水经唇、舌、口腔黏膜而感染。蚊子、苍蝇、老鼠等是主要传播媒介。本病多发于春秋季节，常因家兔采食了腐败、变质或粗硬、芒刺过多的饲草或腐蚀性较强的制剂，损伤了口腔黏膜而诱发。

（二）临床症状

本病潜伏期为 1 周，一般 3~4 天。发病初期病兔的唇、牙龈、舌根等部位出现红、肿、热、痛以及充血，随后在舌、上腭、口腔边缘等部位出现水疱性炎症以及溃疡，流涎，流出的分泌物带有恶臭味（图 5.10），分泌物污染唇下、颌下、颈部、前胸及前爪等部位，使其被毛粘连在一起，被污染的部位继发细菌感染后会出现脱毛、炎症等症状，加重病情的发展。病兔因口腔病变采食、咀嚼困难，消化不良，逐渐消瘦死亡。

（三）病理变化

剖检病兔可见唇、舌、腭、口腔黏膜有水疱、糜烂、溃疡（图 5-11）等症状。

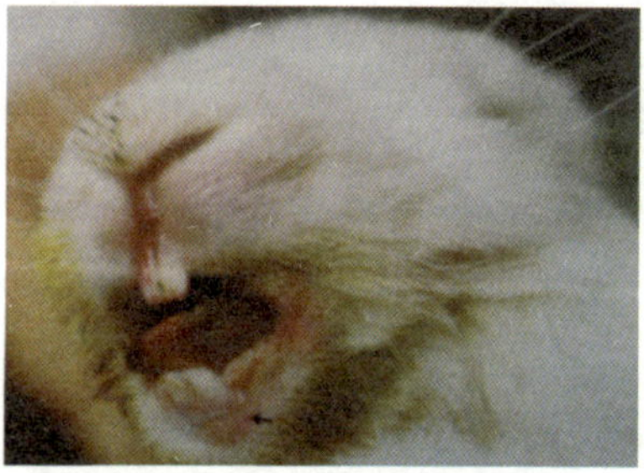

图 5.10　病兔口腔边缘溃疡，流出大量分泌物

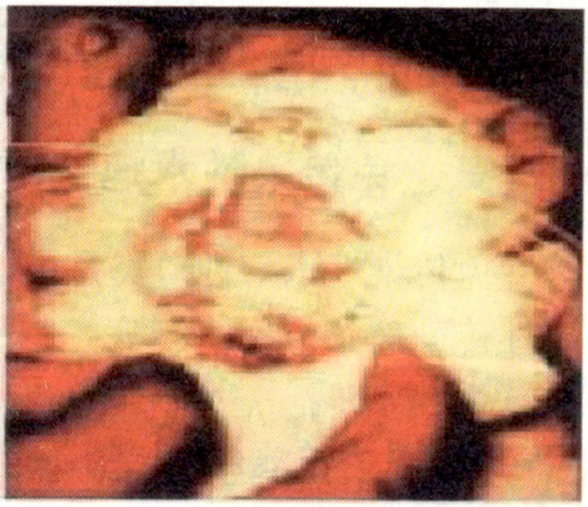

图 5.11　口腔糜烂、溃疡

（四）诊断方法

根据流行病学以及临床特征舌、上腭、口腔边缘等部位出现水疱性炎症及溃疡，同时大量流涎可做出初步判定，确诊还需进行病毒分离鉴定。一般采集病兔口腔中的水疱液、唾液等作为被检材料。

（五）综合防制措施

1. 预防措施　加强饲养管理是防制该病的首要措施，首先禁止饲喂粗糙、霉烂或易损伤家兔口腔黏膜的饲草；再者日常消毒时，特别是带兔消毒时注意一些强刺激性药物的使用，避免造成口腔黏膜损伤。家兔一旦出现口腔损伤要及时治疗，避免感染本病。定期做好清洁卫生和日常消毒措施，防止该病的发生流行；夏季做好灭蚊、灭蝇等工作。对于发病兔首先要隔离治疗，加强对兔舍环境的消毒，消毒可采用过氧乙酸、高锰酸钾等消毒剂。

2. 治疗　每天饲喂病兔柔软易消化的日粮，同时用0.1%高锰酸钾溶液、2%明矾溶液、2%硼酸溶液或1%盐水进行口腔清洗，并在患部涂抹青霉素、红霉素软膏或碘甘油等，每天口服复合维生素B 1片。对于病情严重的兔肌内注射1%黄芪多糖注射液、青霉素治疗。对于久治不愈的兔做淘汰处理。

四、兔黏液瘤病

兔黏液瘤病是由痘病科黏液瘤病毒引起的一种高度接触性和恶性传染病。临床上以面部和天然孔周围的皮肤出现黏液瘤样肿胀为特征。

（一）流行病学

本病的易感动物为家兔和野兔，病兔、带毒兔和带毒野兔是主要传染源。病变部位脱落的痂皮、黏液等散布到外界环境中，通过直接或间接接触而感染发病，多数传染是由昆虫类（蚊、跳蚤等）叮咬造成的水平传播。本病发生具有明显的季节性，多发生于温暖季节和低洼潮湿地区。目前，欧美已有30多个国家发生本病，我国还未见报道。

（二）临床症状

本病潜伏期一般为4~6天。最急性型病例一般死后无明显临床症状，只有少数死兔眼睑、颌下有轻度浮肿。急性型病例表现为全身发生黏液瘤肿及水肿，表现为口、鼻、眼浮肿，有的眼睑粘连，耳朵皮下浮肿、肿大，出现垂耳症状（图 5.12）；肛门、外阴部也偶见炎症、水肿症状。病情发展到后期继发细菌感染，出现化脓性炎症，有的出现结痂、糜烂、溃疡（如耳朵），消瘦衰弱直至死亡。病程 1～2 周，发病死亡率有时可高达 100%。

图 5.12　病兔耳部、眼睑、颌下浮肿

（三）病理变化

病兔皮肤组织发生黏液瘤肿，有的皮肤、皮下水肿，水肿液呈淡黄色胶样液体，心外膜、消化道浆膜有大小不一的出血点，脾脏和淋巴结肿大、出血明显。

（四）诊断方法

根据临床症状可做出初步诊断，确诊还需通过酶联免疫吸附试验（ELISA）、间接免疫荧光试验（IFA）等实验室诊断方法。目前，采用琼脂凝胶双向扩散试验可在 24 小时内检测出结果，适用于口岸检疫。

（五）综合防制措施

该病在我国还未见报道，因此严禁从有该病的国家或兔场引进兔群是控制本病非常重要的措施，从国外引进种兔一定要经过严格的检疫，防止本病传入我国。发生本病时，立即向上级兽医行政主管部门上报疫情，对发病兔和病死兔立即进行扑杀，销毁尸体，实施隔离、封锁、消毒等措施。

第二节　常见细菌性疾病的防制

一、大肠杆菌病

大肠杆菌病是由一些致病性血清型大肠杆菌及其毒素引起的家兔的一种肠道传染病。临床上以仔、幼兔水样、胶冻样腹泻为主要特征。

（一）流行病学

病兔和带菌兔是本病的传染源。本病主要感染 1~3 月龄的仔、幼兔，特别是断奶前后仔兔发病率较高，成年兔偶见感染发病。消化道是本病的主要传播途径，一般通过直接或间接接触而感染发病。本病一年四季均可发生，特别在寒冷的冬春季节发病率相对较高。本病病原菌属条件性致病菌，长途运输、饲养不当、日粮结构不合理、饲草腐败变质、气候变化以及其他应激因素都可导致本病发生流行。

（二）临床症状

仔、幼兔发病初期首先出现精神不振，采食量下降或废绝，打堆成团，有的出现排软粪等症状；中期一般表现为腹泻、拉稀，污染肛门、尾部（图 5.13、图 5.14），被毛粗乱，严重的呈水样腹泻，粪便污染肛门及尾部，有的病例拉出胶冻状物质（图 5.15）包裹粪球，耳根和四肢末梢冰凉，体温下降，病程 2~5 天。

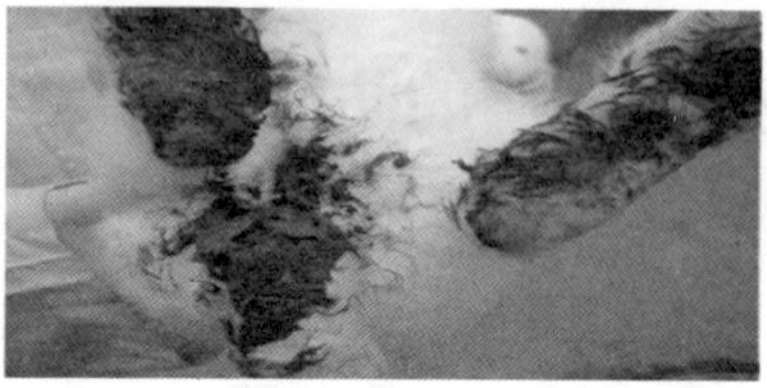

图 5.13　病兔腹泻，污染肛门、尾部

图 5.14　病兔排出稀粪

青年兔与成年兔发病一般表现为拉软粪（图 5.16）或一过性拉稀，有的老年兔常出现便秘症状，粪球细小。

图 5.15　病兔排出胶冻样粪便

图 5.16　病兔排出软粪

（三）病理变化

仔、幼兔的病变多表现在消化系统。可见胃膨胀（图 5.17），胃内容物多为稀粥样物质，有酸臭味，胃底黏膜严重脱落，有的胃壁有出血点；小肠充满气体（图 5.18），肠壁变薄（图 5.19），内容物为黏液或胶冻样液体。膀胱积尿（图 5.20）。便秘病兔可发现盲肠粪便板结（图 5.21）或成团状中间间隔有气泡形式，盲肠黏膜有散在的出血点。

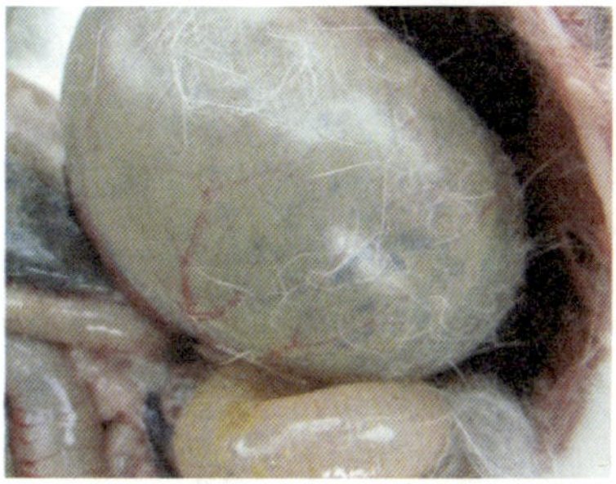

图 5. 17　胃膨大，胃内充满内容物

图 5. 18　小肠胀气

图 5. 19　小肠肠壁变薄

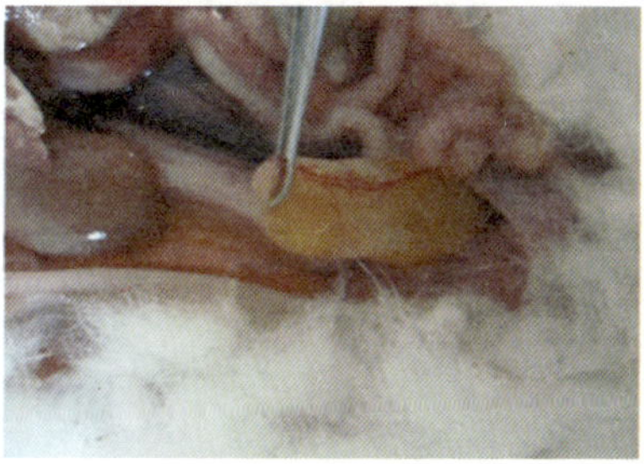

图 5. 20　膀胱积尿

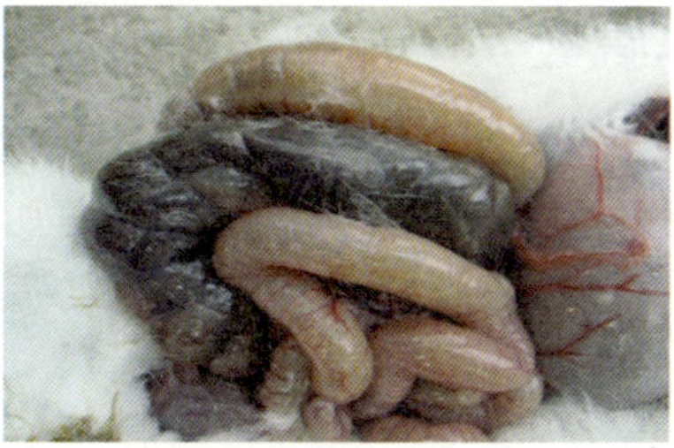

图 5. 21　盲肠粪便板结

（四）诊断方法

根据断奶前后仔、幼兔多发，拉黄白色水样粪便或粪便外有一层胶冻样黏液，小肠胀气，肠壁变薄，内有黏液和胶冻样液体等特点，可做出初步诊断。确诊需进行细菌分离鉴定和致病性试验，若需鉴定血清型，还要做血清型鉴定试验。

（五）综合防制措施

1. 预防措施 加强断奶前后兔的饲养管理，保证饲料品质，饲料营养平衡合理，做好饲喂策略。在冬春季节要注意防寒保暖。抗应激药物（电解多维、微生态制剂、抗菌肽）可在天气变化、长途运输等应激因素下在日粮或饮水中添加，防制大肠杆菌病的发生。研究表明，在日粮中长期添加微生态制剂可有效降低本病的发生率。

2. 治疗 腹泻兔可采用庆大霉素肌内注射，每千克体重2~4毫克，1天2次；恩诺沙星注射液肌内注射，每千克体重2.5~5毫克，1天2次；磺胺间甲氧嘧啶注射液肌内注射，每千克体重50毫克，首次剂量加倍，以后剂量减半，1天2次；磺胺嘧啶片口服，每千克体重100毫克，首次剂量加倍，1天2次。若发病群体较多可在日粮或饮水中加多西环素预混剂，每吨饲料200克（按有效药物剂量计算）；也可用硫酸新霉素饮水。

二、产气荚膜梭菌病

兔产气荚膜梭菌病是由产气荚膜梭菌（A型）及其外毒素引起的消化道传染病。临床上以急性下痢、水样腹泻及肠毒血症为特征。是一种严重危害家兔养殖生产的传染病，发病死亡率极高。

（一）流行病学

本病多呈地方性流行或散发。病兔和带菌兔为本病传染源。本病主要通过水平传播，病兔排出的粪便中大量带菌，极易污染饲料、饮水及其用具等，消化道是本病的主要传播途径。各年龄段的兔都可感染发病，以 2~3 月龄的幼兔发病率最高，一般兔群中膘情好、食欲旺盛的兔最先发病。一年四季均可发生，但在寒冷的冬春季节发病率相对较高。天气骤变、饲草霉烂变质、高蛋白高能量低纤维型日粮以及饲养管理粗放等是导致本病发生的主要诱因。其传播速度快，一般几天就可导致全场发病。

（二）临床症状

本病的潜伏期多为 3 天左右。发病初期病兔出现精神萎靡，食欲减退或废绝，在兔笼内打堆，躲于兔笼角落，被毛粗乱，头低耳耷等症状；发病中期病兔排出具有特殊腥臭味的水样粪便，腹泻严重（图 5.22），有的粪便中带有血丝（图 5.23），粪便呈黑褐色（图 5.24），严重污染尾部和后肢，挤压腹部稀粪从肛门流出；后期病兔脱水严重，呼吸困难，可视黏膜发绀，耳和四肢末端冰凉，直至死亡。急性病例从发病到死亡只需几个小时，一般病程为 1~3 天，长的可达 1 周。

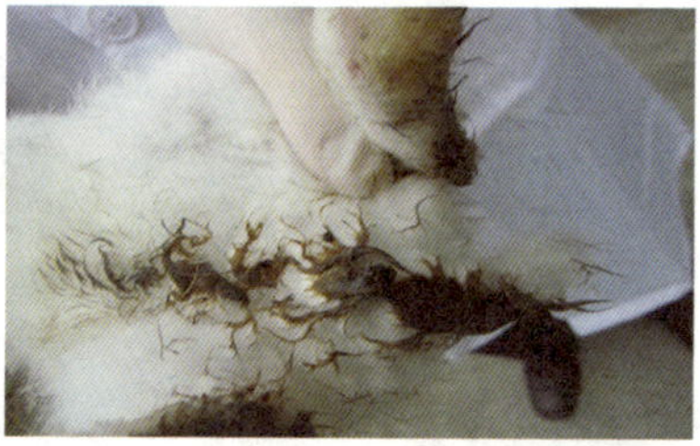

图 5.22　病兔腹泻，污染肛门及尾部

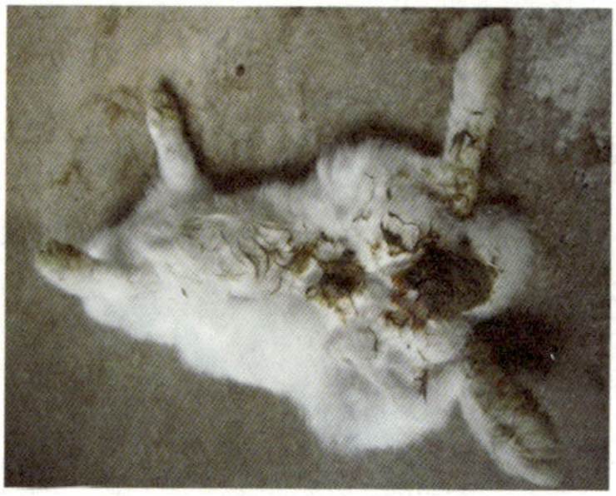

图 5.23　粪便带血

图 5.24　黑色稀粪

（三）病理变化

病死兔身体脱水严重，打开病兔腹腔可闻到特殊腥臭味，胃膨胀严重，内充满食物，在胃壁表面就可见胃黏膜上黑色的斑点样溃疡（图 5.25），胃黏膜脱落严重，胃底壁有出血；小肠表现充血、出血症状（图 5.26），肠管空盈；盲肠浆膜上有典型的刷状出血（图 5.27），内容物呈黑褐色，有腥臭味；膀胱积尿，尿液呈浓茶样。

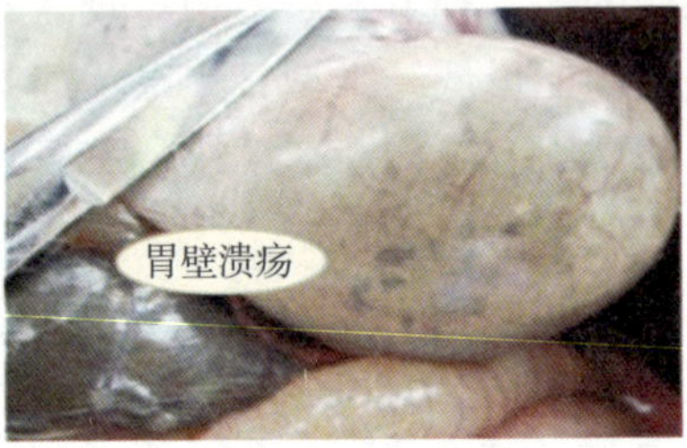

图 5.25　胃壁溃疡

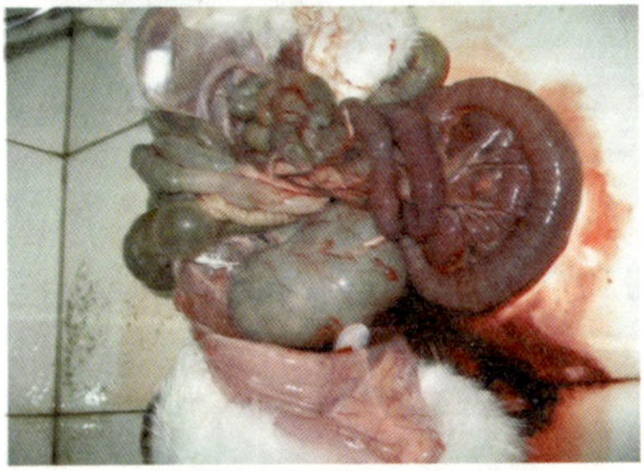

图 5.26　小肠充血、出血

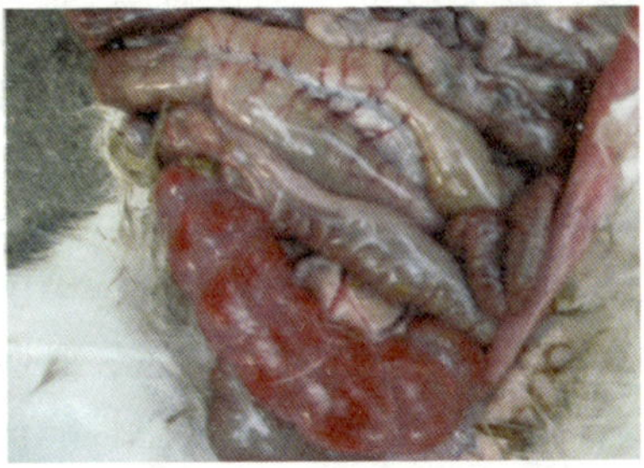

图 5.27　盲肠刷状出血

（四）诊断方法

根据临床上出现急剧腹泻、有特殊腥臭味，剖检病死兔有胃溃疡、盲肠浆膜刷状出血等特征，可做出初步诊断。确诊需对病原菌做分离、鉴定试验，要检测肠道中是否有外毒素存在，可做毒素中和试验，确定毒素类型。

（五）综合防制措施

1. 预防措施　本病是由兔产气荚膜梭菌（A 型）引起，但导致家兔死亡的是由产气荚膜梭菌（A 型）产生的外毒素，抗生素只能抑制和杀灭细菌，减少毒素产生，对毒素本身没有任何破坏清除作用，因此对于该病无特效药物治疗，重点在于预防。首先要配制平衡合理的日粮，特别是保证饲料中的粗纤维含量，防止饲料霉烂变质，不要过食精料。怀孕后期和哺乳期间的母兔由于采食量较大应适当饲喂些青干草。对于疫病流行的疫区或兔场可采用兔产气荚膜梭菌（A 型）灭活疫苗进行免疫接种。发生本病时应立即对病兔进行隔离治疗，对兔舍、场地采用福尔马林等进行消毒，可全场紧急加量接种兔产气荚膜菌（A 型）灭活疫苗。

2. 治疗　抗生素虽不能清除肠道内外毒素，但对病菌有一定杀灭作用，从而减少病原菌产生外毒素，在治疗过程中起到辅助作用，可用金霉素、磺胺药物等抗生素进行辅助用药治疗。病兔可用魏氏梭菌抗血清治疗。病兔腹泻后脱水严重可用 5% 葡萄糖生理盐水进行补液，每兔 15~25 毫升，静脉或腹腔注射，1 天 2 次，连用 3~5 天。

三、沙门杆菌病

兔沙门杆菌病又称兔副伤寒，是由鼠伤寒沙门杆菌和肠炎沙门杆菌引起的一种细菌性传染病。临床上以发生败血症、急性死亡、腹泻、流产为主要特征。

（一）流行病学

本病多呈散发性或地方性流行。病兔和带菌动物为本病传染源。本病传播方式主要有两种，水平传播和垂直传播。病兔和带菌动物的粪便污染了饲料、饮水、笼具，并经消化道感染，消化道是本病的主要传播途径，仔兔还可经脐带和子宫感染。老鼠、蚊子、昆虫、苍蝇等为主要的传播媒介。不同品种、年龄、性别的兔都可感染发病，1~3 月龄的仔、幼兔和怀孕母兔的发病率最高。一年四季均可发生，但在春秋两季发病率相对较高。养殖环境污秽、潮湿、阴雨天气、长途运输是导致本病发生的主要因素。

（二）临床症状

本病的潜伏期为 3~5 天。仔、幼兔发病主要表现为消化道疾病，发病初期病兔体温升高，精神不振，饮食欲减退或废绝，中后期出现排软粪或腹泻，粪便呈糨糊样，病死率极高。母兔感染该病菌后出现全身体温升高，兴奋不安，从生殖道流出黏液甚至脓性分泌物，以后出现久配不孕的症状；怀孕母兔出现流产、死胎症状，流产后的母兔长期带菌，成为传染源，不断向外界排放病原菌，丧失种用价值。

（三）病理变化

肠黏膜有充血、出血，淋巴结和脾脏肿大，切开后发现颜色变暗，出血严重。腹腔有大量渗出液或纤维性渗出物。病死仔、幼兔的圆小囊和蚓突处有散在的大小不一的灰白色坏死点，该症状为本病的特征性病变。发病的怀孕母兔的胎儿病变明显，表现为死胎、木乃伊胎（图 5.28、图 5.29），有的流产胎儿皮下水肿明显；发病严重的母兔出现子宫炎、子宫积脓等生殖道症状。

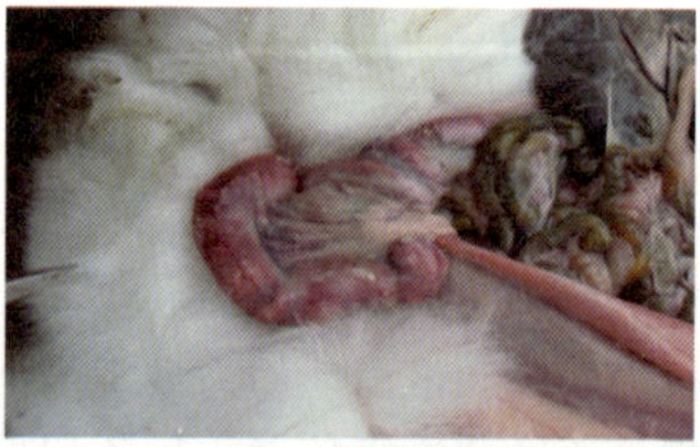

图 5.28　肠道病变严重，子宫内胎儿死亡

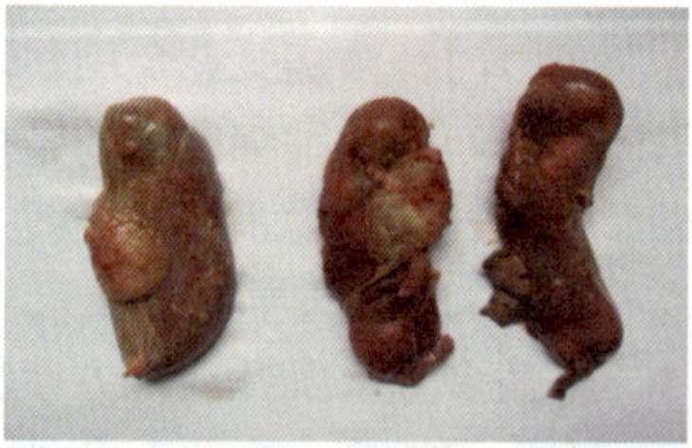

图 5.29　母兔产出死胎、木乃伊胎

（四）诊断方法

根据仔、幼兔出现腹泻、病死兔圆小囊和蚓突的特征病理变化以及母兔出现流产、死胎症状可做出初步诊断。确诊还需做病原菌的分离、鉴定试验。目前还可采用 PCR 方法或 ELISA 对本

病进行快速检测诊断。

(五) 综合防制措施

1. 预防措施　加强饲养管理，保持饲料、饮水、垫草、笼具的清洁卫生。禁止到疫区引种。定期做好消毒、灭鼠、灭蝇等工作。病死兔做焚烧或深埋处理。发现病兔后要立即隔离治疗，同时全场严格消毒，对未发病兔群选用氟哌酸、磺胺嘧啶等药物进行预防，同时可采用百毒杀带兔消毒。

2. 治疗　腹泻病兔可采用氟苯尼考注射液，每千克体重 20 毫克，肌内注射，1 天 1 次，连用 3 天；磺胺二甲嘧啶片，每千克体重 100 毫克，首剂量加倍，口服，1 天 2 次，连用 3 天；恩诺沙星注射液，每千克体重 2.5~5 毫克，肌内注射，1 天 1~2 次，连用 3 天；若要进行全群预防可在饮水中加恩诺沙星可溶性粉或溶液，1 升水中加 75 毫克（按药物有效剂量计算），连用 3~5 天。发病母兔采用 0.1%高锰酸钾溶液进行子宫冲洗，1 天 2 次，同时结合全身治疗，采用磺胺间甲氧嘧啶注射液，每千克体重 50 毫克，肌内注射，1 天 2 次，连用 3 天，如果治疗痊愈后怀孕正常可继续留作种用，若丧失种用价值，立即淘汰。

四、兔多杀性巴氏杆菌病

兔多杀性巴氏杆菌病又称兔出血性败血症，是由兔多杀性巴氏杆菌引起的一种综合性传染病。本病是家兔的一种常见疾病，因病菌感染部位不同而表现出多样的临床症状，临床上多以败血症、鼻炎、肺炎和中耳炎等为主要特征。

(一) 流行病学

本病菌是条件性致病菌，多为散发，有的呈地方性流行。病兔和带菌兔是本病的主要传染源。病兔的鼻液、唾液、粪、尿等带有大量病菌，可污染草、料、饮水、笼具、场地等。一般通过呼吸道、消化道或皮肤、黏膜伤口而感染。不同年龄、品种的家兔均易感染发病。本病一年四季均可发生，但以春秋季较多发，尤其在阴雨潮湿、高温高湿、气候多变的季节发病率相对较高。当饲养密度过大、通风不良、长途运输或发生其他病时，使兔抵抗力下降，均可诱发本病的发生。

（二）临床症状

本病的潜伏期长短不一，主要取决于家兔自身的抵抗力、细菌毒力、感染部位等。根据临床表现可分为急性型、亚急性型和慢性型三种。

1. 急性型 该类型病例发病死亡急，导致不能及时采取有效防制措施，一般从发病到死亡只有几小时的时间，有的甚至没有任何的异常表现就突然死亡。病程稍长的，体温升高，精神沉郁，食欲减退或废绝，呼吸困难甚至急促，有的出现打喷嚏，一般经1~3天死亡。急性型病症主要发生在3月龄以下的仔幼兔。

2. 亚急性型 本类型病症又称地方性肺炎，主要发生于成年兔。发病初期表现为精神沉郁，食欲减退，一般有流浆液性鼻液、打喷嚏等轻度的呼吸道症状，若不能及时治疗病情会加重，引起脓性鼻液，肺炎以及胸膜炎等更为严重的呼吸系统疾病，呼吸困难，体温升高，有的还有腹泻症状，病程较长，到后期饮食欲严重下降甚至废绝，最终衰竭而死。

3. 慢性型 此类型病症也主要发生在成年兔，尤其是老年兔。根据病原菌感染的部位不同主要包括鼻炎、中耳炎、子宫炎或积脓、皮下脓肿、结膜炎等。

图5.30 鼻炎：鼻分泌物增多

(1) 鼻炎：间断性的打喷嚏，鼻孔流出浆液性或白色脓性分泌物（图5.30），有的鼻分泌物与饲料、兔毛黏结成痂，堵塞鼻孔，造成呼吸困难。

（2）中耳炎：是由于病菌由中耳侵入内耳，导致头颈歪向一侧，运动失调，影响吃草和饮水（图 5.31）。治疗效果不佳，而且病程可拖很长时间，最好及时淘汰。

（3）结膜炎：因病菌侵入结膜囊，引起结膜潮红、眼睑肿胀、流泪，严重时，眼分泌物使眼睑粘连（图 5.32）。

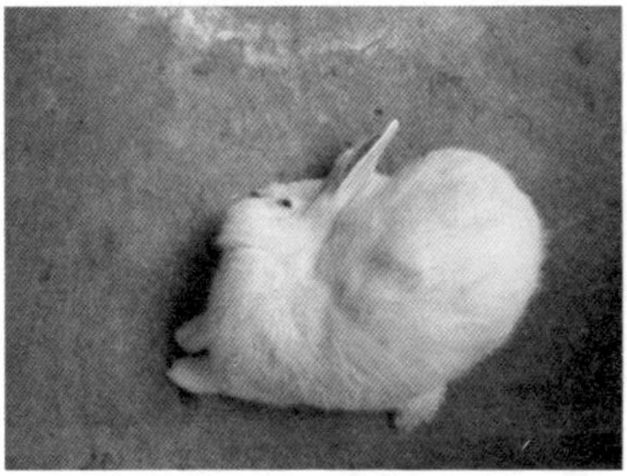

图 5.31　中耳炎：病兔头偏向一侧

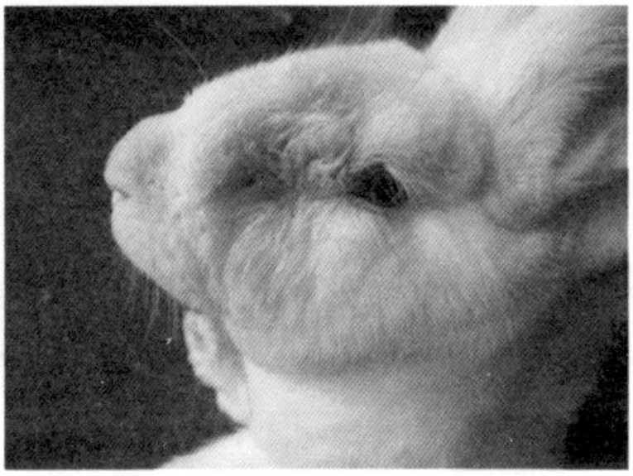

图 5.32　结膜炎：眼分泌物增多

（4）生殖器官炎症：主要因配种时被病兔传染。公兔表现为睾丸炎，睾丸肿大；母兔表现为子宫炎，常从阴户流出脓性分泌物，多数丧失了种用价值，建议淘汰。

（三）病理变化

1. 急性型　主要表现为全身性的充血、出血症状。喉头、气管出血（图 5.33）；肺部表面大面积出血（图 5.34）、充血，水肿症状；心外膜特别是心冠脂肪点状出血；肝脏肿大，质地变脆，肝表面有弥漫性的针尖大小的坏死点，切面有暗红色血液流出；脾脏及淋巴结肿大、出血。

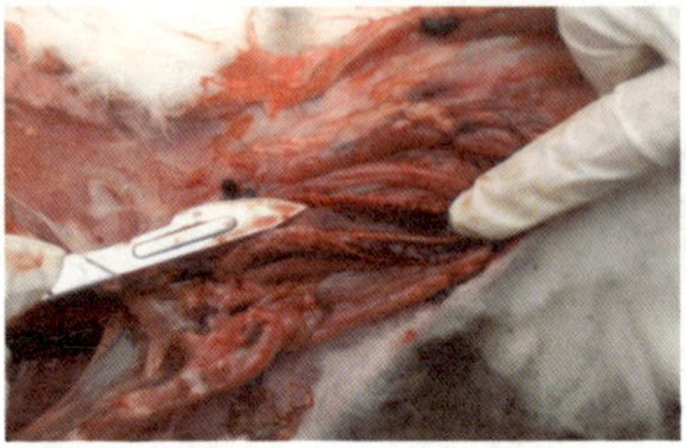

图 5.33　喉头、气管出血

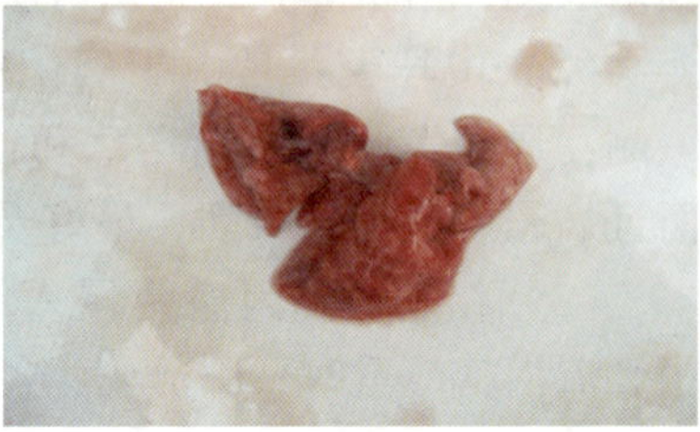

图 5.34　肺部严重出血

2. 亚急性型　可见肺部有瘀血、出血（图 5.35），甚至肝病变或化脓，严重病例有纤维性渗出物，胸膜与胸腔以及肺脏发生严重粘连现象，有的胸腔有渗出液，混合感染病例肺部还有严重的化脓症状，脓胞可转移至其他组织器官。

3. 慢性型　根据感染部位，主要是局部组织器官表现病症。皮下脓肿主要为皮下有脓包；中耳炎主要是神经系统受损；结膜炎主要表现结膜充血；子宫炎主要表现为从阴户流出脓性分泌物（图 5.36）。

图 5.35　肺部瘀血、出血

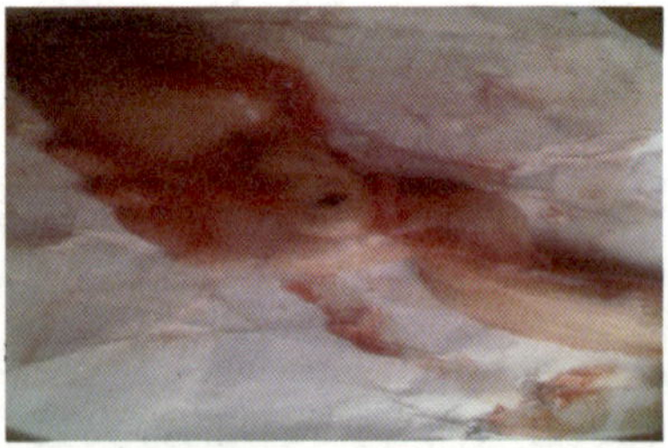

图 5.36　母兔子宫积脓

（四）诊断方法

根据临床症状和病理变化可做出初步诊断，确诊还需要进行细菌分离鉴定。目前已有针对家兔多杀性巴氏杆菌的快速检测试剂盒，可快速准确有效地诊断该病。

（五）综合防制措施

1. 预防措施　由于该病菌为条件性致病菌，因此加强各年龄阶段家兔的饲养管理，保证日粮品质的安全、平衡、合理，从而提高家兔本身的抗病能力是预防本病的重要手段。同时应做好兔场的清洁卫生，确保兔舍内空气质量良好，合理安排饲养密度。对于有该病流行发生的场或地区要做好免疫接种工作。仔、幼兔可在35~45日龄时皮下注射兔瘟-多杀性巴氏杆菌灭活二联苗；种兔每年可采用兔多杀性巴氏杆菌灭活苗进行预防接种，一年免疫3~4次。发生本病时，将病兔隔离、治疗，严格消毒笼舍和用具。淘汰久治不愈的患鼻炎、中耳炎、严重结膜炎和患严重生殖道炎症的病兔，减少病菌扩散。

2. 治疗　兔场如暴发多杀性巴氏杆菌病，可采用全群饮水或拌料给药，如恩诺沙星或环丙沙星饮水或拌料，连用3~5天。还可用磺胺间甲氧嘧啶（每吨饲料添加300克）、泰乐菌素（每吨饲料添加50克）混用，连用7天，效果明显。患鼻炎、肺炎病兔采用青霉素、链霉素稀释后滴鼻，同时肌内注射青霉素每千克体重3万~5万单位，链霉素每千克体重10~15毫克，1天2次，直至痊愈；对患结膜炎病兔采用庆大霉素滴眼，1天3次，直至痊愈。对于患肺炎严重、子宫炎病例以及中耳炎等无治疗价值的病兔应及早淘汰。

五、支气管败血波氏杆菌病

兔支气管败血波氏杆菌病是由兔支气管败血波氏杆菌引起的一种家兔常见传染病。临床上以呼吸道症状为主要病理特征。

（一）流行病学

本病传播广泛，常呈地方性流行或散发性。病兔和带菌兔为本病传染源。呼吸道是本病的主要传播途径，一般通过咳嗽、打喷嚏的飞沫经呼吸道相互传染。各品种、不同年龄段的家兔均可感染发病，一般毛兔的发病率较高。本病为条件性致病，多在气候多变、阴雨潮湿以及其他应激因素等条件下，因机体抵抗力下降而发病。本病常与兔多杀性巴氏杆菌混合感染。

（二）临床症状

兔支气管败血波氏杆菌病根据发病症状可分为败血型、鼻炎型和支气管肺炎型三种类型。

1. 败血型 败血型病症相对较为少见，主要是病菌进入血液循环导致全身脏器出血的急性死亡，特点为发病急、死亡快，不表现出任何异常情况，一般来不及治疗已死亡。该类型病例多发生于仔兔和青年兔。

2. 鼻炎型 鼻炎型病例较为多见，常呈地方性流行。发病早期兔的精神状况、饮食欲、体温均正常，只有轻微的咳嗽、打喷嚏、流浆液性鼻液等临床症状。后期病兔饮食欲减退，个别出现间断性体温升高，精神不佳，浆液性鼻液（图 5.37）转化为黏液性或脓性鼻液，有时鼻液分泌物结痂黏附在鼻端。

3. 支气管肺炎型 支气管肺炎型一般由长期或久治不愈的鼻炎型转化而来，其临床症状与严重的鼻炎型病症相似，病兔流脓性分泌物（图 5.38）。后期出现呼吸困难，甚至急促。多见于成年兔和老龄兔。

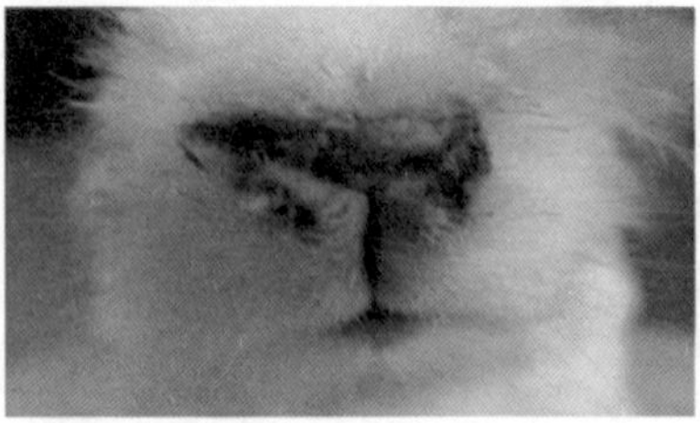

图 5.37 病兔流浆液性鼻液

图 5.38 病兔流脓性分泌物

（三）病理变化

1. 败血型　多见肺部严重充血、出血；肝表面有出血点，质地变脆；脾脏肿大、充血、出血，呈黑紫色。

2. 鼻炎型　可见鼻黏膜充血明显，鼻腔堵塞许多鼻液分泌物。

3. 支气管肺炎型　病理变化主要发生在胸腔内，剖检可见纤维性胸膜炎，胸腔内脏器官粘连且化脓（图 5. 39）。肺组织大面积瘀血，严重者有大小不等的脓包症状（图 5. 40），通常脓包转移至其他组织器官，脓肿外有一层包膜，剖开脓包有奶酪样脓汁流出。

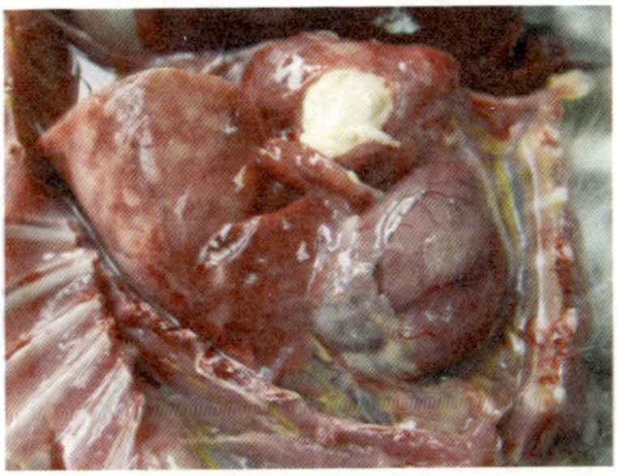

图 5. 39　胸腔内脏器官粘连且化脓

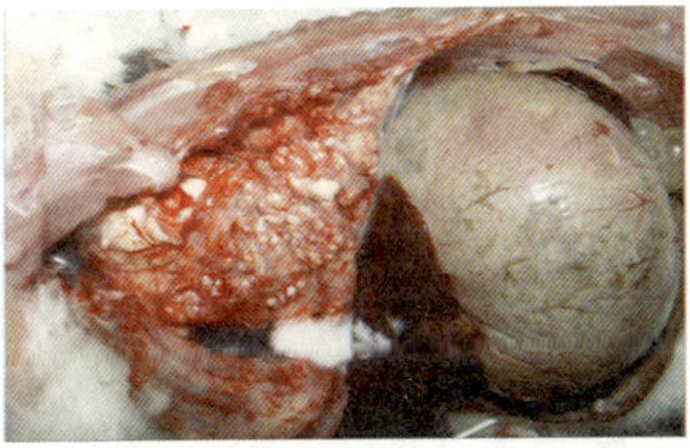

图 5. 40　肺部多处有脓包

（四）诊断方法

由于该病多与兔多杀性巴氏杆菌病、肺炎链球菌病等呼吸道疾病混合感染，其症状与其他呼吸道疾病相似，依靠临床症状和病理变化难以做出准确诊断。确诊必须进行细菌分离鉴定。

（五）综合防制措施

1. 预防措施　搞好兔舍的日常清洁卫生，保持兔舍清洁干燥，通风换气良好，饲养密度要适宜是防制该病的主要措施；加强饲养管理与营养平衡，提高家兔自身抵抗力；有条件的兔场可采用试剂盒对兔群进行逐一检查，阳性兔给予及时治疗或淘汰，起到净化目的。发现病兔立即隔离治疗。久治不愈的严重鼻炎病兔，应坚决淘汰。

2. 治疗 每千克体重青霉素3万~5万单位、链霉素10~15毫克，用生理盐水稀释混合后，肌内注射，1天2次，直到痊愈。还可选用卡那霉素、庆大霉素注射，同时用乙醇棉球清洗鼻孔周围分泌物后，进行滴鼻。

六、葡萄球菌病

葡萄球菌病是由金黄色葡萄球菌引起家兔的一种多病症传染病。临床上以不同的发病形式出现，如脓肿、脓毒败血症、乳房炎等。

（一）流行病学

本病多呈散发或地方性流行。病兔和带菌兔为本病传染源。本菌主要经皮肤黏膜伤口感染，消化道、呼吸道也可感染传播。家兔对金黄色葡萄球菌较为敏感，不同品种、年龄的家兔均易感。哺乳仔兔常因吃了含菌的乳汁而全窝感染发病。本病发生无明显的季节性，一年四季均可发生。

（二）临床症状

葡萄球菌病根据病兔病症类型可分为脓肿、转移性脓毒血症、生殖器官炎症、仔兔脓毒血症、黄尿病及乳房炎等。

1. 脓肿 主要发生在家兔的皮下、肌肉或内脏器官组织。颌下、肌肉组织发生脓肿（图5.41）多由于外伤感染所致，早

图5.41 病兔颌下发生脓肿

期脓肿坚硬、患部体温升高，触及有痛觉；后期有波动感，有的会自动化脓穿孔。

2. 转移性脓毒血症　多为脓包溃破后，脓汁中的病菌及其毒素进入全身血液循环，导致败血症，有的病兔感染发病后体温升高，通常死亡迅速，病程较短。

3. 生殖器官炎症　该类型病例多见于繁殖母兔。空怀期母兔感染后早期或病情较轻，表现为外阴部流出不干净分泌物，后期或病情较重的阴道流出黏性或脓性分泌物，有的带有恶臭味，有的外阴部有溃疡、糜烂，病母兔即使发情也不易配种；怀孕母兔感染葡萄球菌后会引起流产、死胎；个别公兔生殖器官也会感染发病，表现为包皮上有溃疡、结痂、糜烂症状。

4. 仔兔脓毒血症　出生1周内的仔兔在皮肤上会出现大小不一的脓点症状（图5.42）。

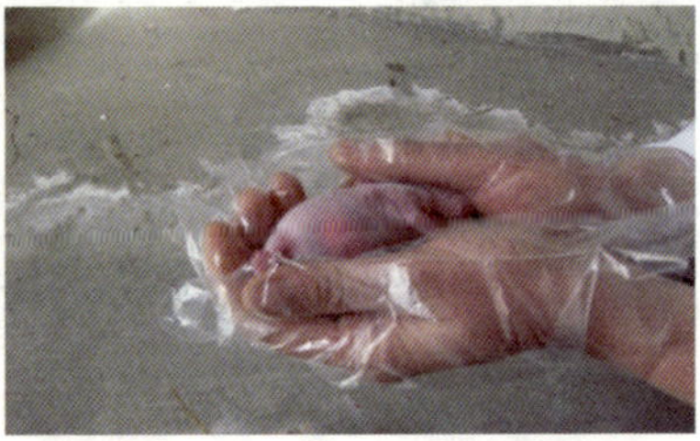

图5.42　刚出生仔兔的皮肤上有小脓点

5. 黄尿病　仔兔黄尿病一般是由于仔兔吸食了患有乳房炎或变质的奶水而导致仔兔的一种急性肠炎。其症状主要为仔兔拉黄色粪尿（图5.43）、被毛被粪尿染黄（图5.44）、垫草潮湿、体软昏睡、有腥臭味，该病常整窝发病，死亡率较高。

6. 乳房炎　机械性因素是导致该类型病发生的主要原因。养殖生产中多因产仔箱边缘不平整、垫草有硬结划伤乳房或仔兔咬伤乳头后感染发病（图5.45）。乳房先出现局部红肿，随着病情的扩散，发病部位面积增大，患乳房炎部位化脓、穿孔（图5.46）。严重病例发病乳房呈紫红色或蓝紫色，乳房局部发硬、增大，到后期会形成脓肿，流出脓汁。

图 5.43　全窝发生黄尿病

图 5.44　病兔肛门、尾部黄染

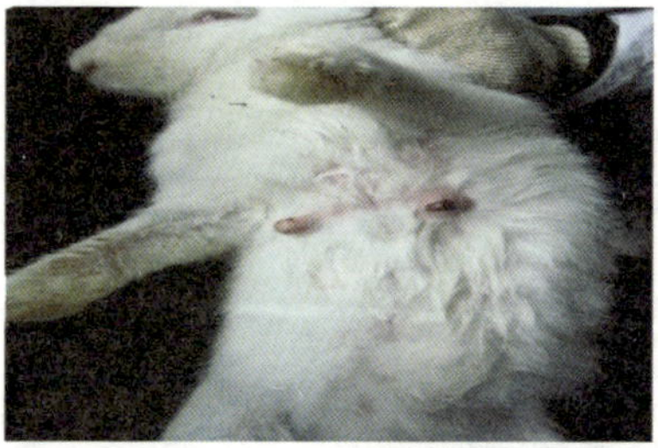

图 5.45　咬伤所致乳房炎

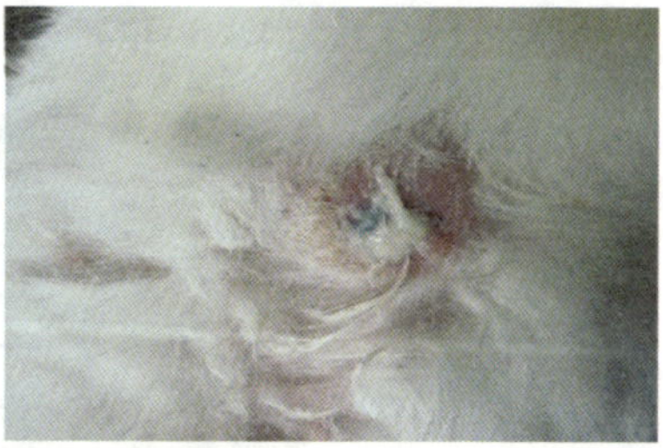

图 5.46　患乳房炎部位化脓、穿孔

（三）病理变化

脓肿病症剖检可见脓包内有干酪样或奶酪样脓液；生殖器官炎症母兔子宫内膜有炎症、充血明显，严重的有子宫积脓（图5.47）。

（四）诊断方法

本病根据临床症状和病理变化可做出初步诊断。确诊需采集病料组织进行细菌分离鉴定和致病力试验。

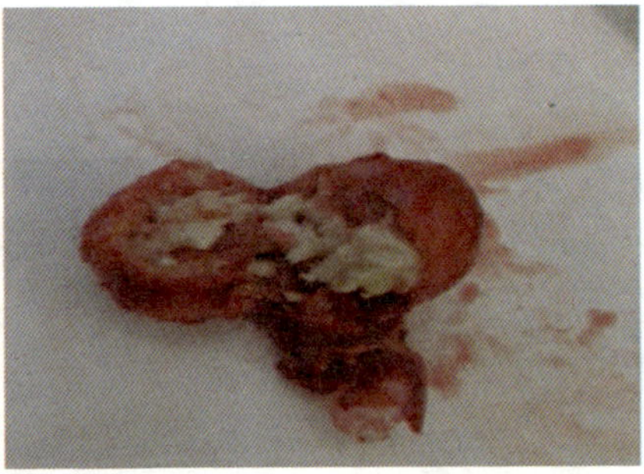

图 5.47　脓肿内含大量脓汁

（五）综合防制措施

1. 预防措施　要尽量减少造成家兔外伤感染的机会，及时清除兔笼内尖锐物体，产仔箱边缘和内壁要保持平整光滑，笼底垫竹底板，缝隙宽度合理、边缘光洁。在配种时要检查公、母兔是否有生殖系统疾病，禁止病兔之间配种而引起传播；做好日常清洁卫生；定期对笼底板、食槽、场地等设施设备清洗消毒。发现病兔立即隔离治疗。

2. 治疗

（1）脓肿：对于皮下或肌肉脓肿主要采用剖开脓包，排出脓液，然后用3%双氧水或0.1%~0.2%高锰酸钾溶液清洗消毒患部，然后在患部撒上消炎粉或青霉素粉，伤口较大的可进行手术缝合，对于完整性脓包可进行手术摘除（图5.48）。

（2）转移性脓毒血症：每千克体重青霉素3万~5万单位、链霉素10~15毫克，用生理盐水稀释混合后，肌内注射，1天2次。

（3）生殖器官炎症：母兔可采用0.1%高锰酸钾溶液冲洗子宫，反复几次，然后按每千克体重肌内注射青霉素5万单位和链霉素10~15毫克，1天2次，直至痊愈；公兔主要对患部进行消

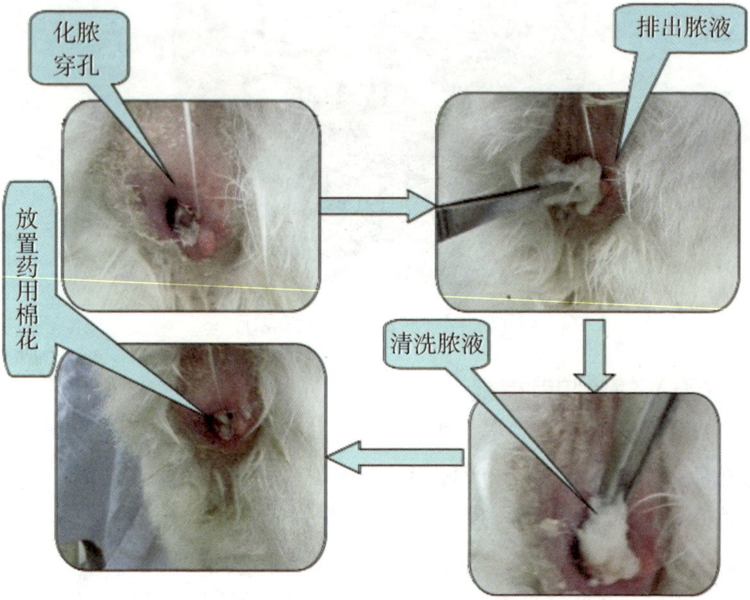

图 5. 48　脓肿治疗流程

炎处理即可，无治疗价值的作淘汰处理。

（4）仔兔脓毒血症：用消毒后的针刺破脓点，挤出脓汁，用碘酒涂搽患部即可，1 天 2 次，痊愈为止。

（5）黄尿病：首先治疗母兔乳房炎，将仔兔寄养于泌乳正常的母兔，每天用庆大霉素注射液灌服病兔，每兔每次 0. 5 ~ 1 毫升；还可注射青霉素或头孢噻呋。

（6）乳房炎：可以在发病乳区周围多点封闭式注射长效青霉素；还可用鱼腥草捣碎后敷乳房。如乳房炎太严重，建议淘汰。

七、绿脓杆菌病

兔绿脓杆菌病是由绿脓假单孢杆菌引起的一种散发性传染病。临床上以消化道、呼吸道症状为主。

（一）流行病学

本病一般呈散发。病兔和带菌兔为本病传染源。病兔粪便、尿液以及分泌物污染了饲料、饮水和用具后经消化道、呼吸道、皮肤黏膜伤口感染传播。各年龄段的家兔均易感染。高温高湿环境，卫生条件较差，外伤感染以及家兔自身抵抗力下降等情况下易导致感染发病。

（二）临床症状

根据发病表现的临床症状可将其分为败血型、脓肿型、肠炎型、肺炎型四种类型。

1. 败血型　突然发病，急性死亡，死前一般无异常表现。

2. 脓肿型　表现为在皮下、肌肉以及内脏器官有脓包，脓包颜色为绿色，流出的脓汁也为绿色，有的病兔发病部位周围的被毛、皮肤颜色也为绿色。

3. 肠炎型　病兔表现突然拉稀，排出的粪便为血样粪便，精神不振，食欲废绝，病程很短，一般发病后 1 天内死亡。

4. 肺炎型　发病初期表现为咳嗽、打喷嚏，流黏液性或脓性鼻液，一般精神状况和采食均无异常；中后期病兔体温升高，食欲减退，慢慢变为不食，精神不振，一般衰竭而死，此类型病程较长，可拖延 2 周以上。通常绿脓杆菌与多杀性巴氏杆菌、支气管败血波氏杆菌等呼吸道病原菌混合感染导致肺炎。

（三）病理变化

1. 败血型　主要表现为全身内脏器官出现出血、充血症状。

2. 脓肿型　症状类似葡萄球菌病，脓液呈绿蓝色。

3. 肠炎型　剖检可见消化道黏膜严重出血，肠道管腔内充满了带血内容物；肝组织质地变脆，有出血点；脾脏肿大、出血，呈黑紫色；肠系膜淋巴结肿大、出血。

4. 肺炎型 主要病变表现在胸腔内脏器官，其症状与支气管败血波氏杆菌病相似，肺部化脓组织中的脓液为绿色脓液。

（四）诊断方法

根据本病脓肿病变的颜色可做出初步诊断。确诊须做细菌学检验。

（五）综合防制措施

1. 预防措施 加强饲养管理，尽量确保家兔无外伤感染，做好日常消毒防疫工作。发现病兔要立即隔离治疗，无治疗价值的要进行无害化处理，对其接触过的用具要严格消毒。同时还要加强其他呼吸道病的预防，避免混合感染。

2. 治疗

（1）败血型：按葡萄球菌败血型进行治疗。

（2）脓肿型：按葡萄球菌脓肿进行治疗。

（3）肠炎型：硫酸新霉素，每千克体重 10~15 毫克，口服，1 天 2 次，连用 3~5 天；多黏菌素片，每千克体重 1 万单位，口服，1 天 2 次，连用 3~5 天；磺胺脒，每千克体重 200 毫克，口服，1 天 2 次，连用 3~5 天；同时结合口服维生素 K。如兔群发病多，可全群用药，硫酸黏菌素可溶性粉饮水，每升水加 40~200 克，连用 3 天。

（4）肺炎型：按每千克体重肌内注射青霉素 5 万单位、链霉素每千克体重 10~15 毫克，1 天 2 次，直到痊愈。

八、泰泽氏病

兔泰泽氏病是由毛样芽孢杆菌引起的一种急性肠道传染病。

（一）流行病学

病兔、隐性感染和耐过兔为本病的传染源。感染兔从粪便中排出含有芽孢的病原菌污染饲料和饮水，以消化道传染为主。各年龄段和各品种兔均易感本病。但以1～3月龄仔、幼兔发病率最高，成年兔也可感染，但相对较低。本病目前在国内报道很少。一般呈地方性流行，一旦发生呈暴发性，很难控制病情。一年四季均可发生，但寒冷的冬春两季发病率相对较高。

（二）临床症状

本病发病迅速，病程很短，从发病到死亡一般在24小时以内。病兔主要表现为精神沉郁、不食不饮，呈水样腹泻，粪便污染肛门周围及尾部，粪便多为黑色或褐色，病兔主要因严重脱水而死（图5.49）。

图5.49　排黑褐色粪便

（三）病理变化

病死兔脱水严重；脾脏及肠系膜淋巴结肿大明显；小肠肠壁变薄、充血、出血；大肠特别是盲肠病变明显，浆膜充血、出血严重（图5.50），肠壁水肿明显，盲肠内容物为黑色或褐色水样粪便。病程稍长的，可见肝脏肿大，有大小不一灰白色坏死灶（图5.51）。

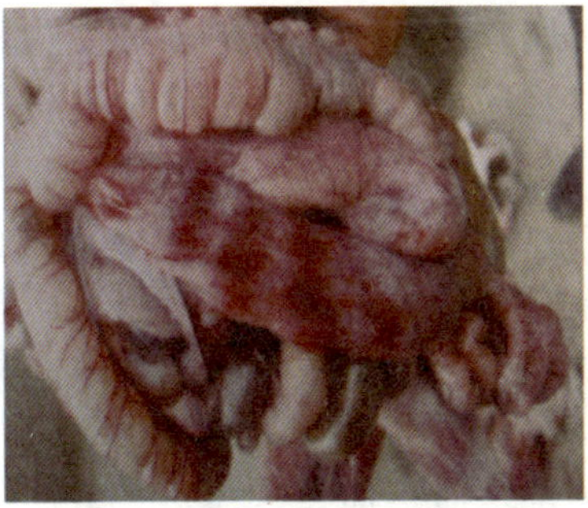

图5.50　盲肠严重出血

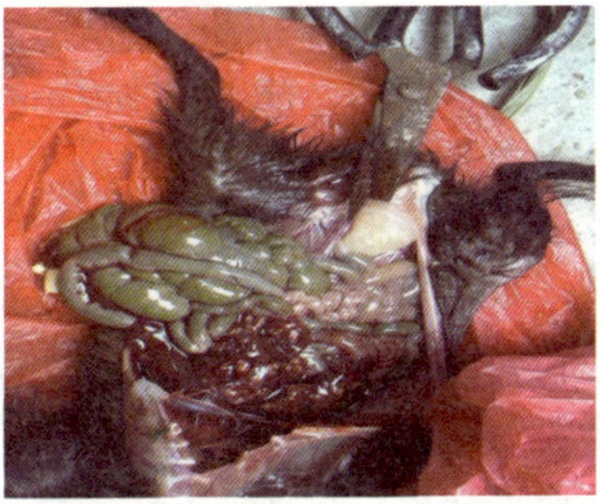

图5.51　消化道充血、出血，肝脏有白色坏死灶

（四）诊断方法

根据临床症状难以做出准确判断。可通过取病变组织涂片，姬姆萨染色后镜检，若发现在肝细胞、平滑肌、心肌及肠上皮细胞内有呈束状或簇状排列的芽孢杆菌可确诊。还可做荧光抗体试验或琼脂扩散试验进行确诊。

（五）综合防制措施

1. 预防措施 首先要严把引种关，禁止到疫区或带病场引种，从国外引种要对该病进行严格检疫。该病的治愈率很低，发现病兔应立即淘汰，无害化处理，用福尔马林或烧碱对全场进行严格消毒，控制病情蔓延。

2. 治疗 发病早期的兔可口服土霉素片，每千克体重 20 毫克，1 天 2 次，连用 3 天，同时，可静脉或腹腔注射补液，5%葡萄糖生理盐水每 20 毫升左右，1 天 2 次，连用 3 天。全群可用土霉素拌料饲喂 3~5 天。

第三节　皮肤真菌病的防制

家兔皮肤真菌病多是由毛癣菌属和小孢子菌属的多种皮肤真菌引起家兔的一种皮肤性传染病。临床上以脱毛、断毛和皮肤炎症为主要病理特征。

（一）流行病学

本病呈世界性流行。该病原菌在自然界广泛存在，当生产场地长期处于潮湿条件下就可诱发该病。养殖环节中病兔和隐性感染兔为主要传染源。本病主要经水平方式传播，其传播性极强，可通过交配、吸乳等方式进行直接传播或经饲料、饮水、用具以及脱落的被毛、人员等间接接触而传播，同时也可通过空气途径传播。不同品种和各年龄阶段兔都可感染发病。本病除感染兔外，还可感染人和多种动物。一年四季均可发生，特别是在夏季高温高湿条件下最容易引起暴发。该病传染迅速，发病率高。兔场一旦发病很难根治。

（二）临床症状

通常患部最早出现在嘴唇、眼、鼻周围及头、面部，继而扩散到四肢、背、腹部的皮肤（图 5. 52～图 5. 55）。病变部位皮肤初期出现红疹，形成不规则的小块或圆块脱毛斑，分界明显，随后脱毛斑皮肤出现灰白色或黄色皮屑和痂皮，痂皮脱落形成溃疡，有痒感。癣斑皮肤变厚、皲裂和变硬。有的病兔病变部位主要表现为脱毛、发红、皲裂，少有皮屑和痂皮。该病主要发生在皮肤角质层，一般不侵入真皮层。

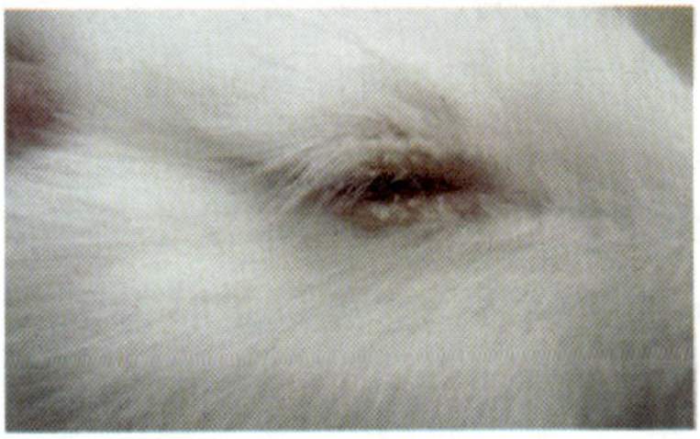

图 5. 52　眼睑感染发病

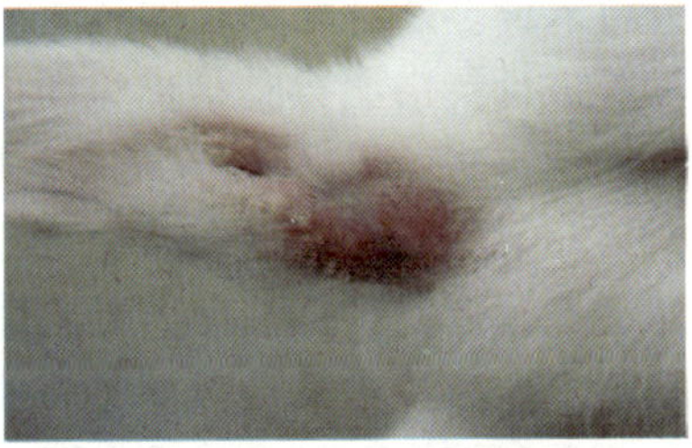

图 5. 53　腿部感染发病

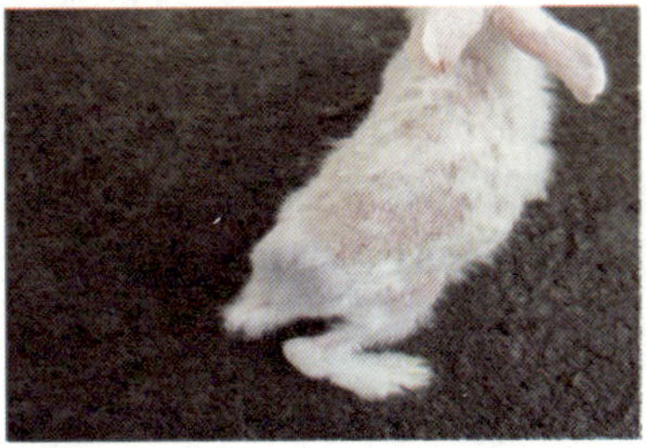

图 5. 54　全身感染发病

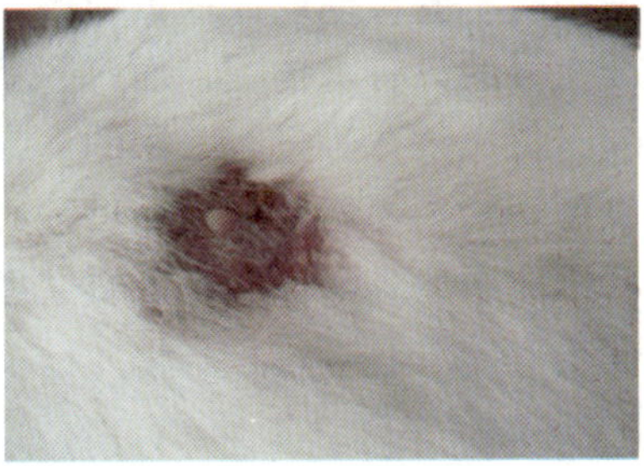

图 5. 55　母兔乳头周围感染发病

（三）诊断方法

根据流行病学和临床症状可做出初步诊断。实验室诊断方法为：刮取患部边缘的皮屑或毛，放置在载玻片上，滴一滴10%氢氧化钠溶液或真菌染液，在酒精灯下微微加热固定，盖上盖玻片在显微镜下观察有无真菌的菌丝体或孢子。采用分子生物学方法对一些重要的皮肤真菌还可以进行种内的分型。

（四）综合防制措施

1. 预防措施 本病重在预防，首先尽量避免兔舍内长期处于高温高湿环境，尽量保持兔舍内干燥。禁止到疫区或病兔场引种；禁止外来人员、车辆以及收购兔肉、兔毛、兔皮的人员进入兔场；外来参观人员一定要换衣服、鞋、帽和严格的消毒措施后方可入舍。发现病兔立即隔离治疗，对兔场内的场地、兔笼、用具等进行严格消毒，禁止兔场内部人员串舍；消毒液可用3%氢氧化钠、3%福尔马林等喷雾消毒。

2. 治疗 病兔患部先剪毛，再用肥皂水或消毒液洗去痂皮，然后选择药物涂擦治疗，可选用水杨酸软膏、灰黄霉素软膏或克霉唑、盐酸特比萘芬软膏或喷剂等，每天1~2次。兔群还可用灰黄霉素拌料，每100千克饲料添加30~40克，连用10~14天，停1~2周后再用一疗程。灰黄霉素可引起消化系统不良反应，使用时不要长期或大剂量使用。目前，国内兽用抗真菌药物有批准文号的只有水杨酸，而许多新型抗真菌药物如克霉唑、伊曲康唑、特比萘芬等只有人用的，或进口的宠物用药。引起家兔皮肤真菌病的主要病原须癣毛癣菌对特比萘芬最敏感，其次为克霉唑和伊曲康唑。因该病是人畜共患病，在治疗时应注意人员的自我保护。

第四节　常见寄生虫疾病的防制

一、球虫病

兔球虫病是由艾美尔球虫属的多种球虫引起的体内寄生虫病，该病是目前家兔生产中最常见的疾病之一。临床上以仔、幼兔腹泻、消瘦，严重者出现死亡为主要特征，我国将兔球虫病列为二类动物疫病。

（一）流行病学

兔是兔球虫病的唯一自然宿主。病兔、康复兔和成年隐性带虫兔是主要传染源。家兔感染球虫是由于吞食了散布在土壤、饮水、饲料、青草、笼底等外界环境中的感染性球虫卵囊。消化道是本病的主要传播途径。各品种的家兔对本病都易感，一般1~3月龄幼兔感染率最高，一般感染率接近100%，发病死亡率可达50%以上，耐过兔生长发育受阻，成为僵兔，体重下降12%~27%；成年兔由于抵抗力较强，一般呈隐性感染，不表现临床症状，感染后成为长期带虫者。本病一年四季均可发生，我国南方地区梅雨季节多发，北方地区多发于7~8月，呈地方性流行。养殖生产中，兔舍卫生条件差，饲养管理不严，营养不良等，都可加剧本病的发生。兔球虫寄生部位和潜伏期见表5.1。

表5.1　兔球虫感染部位和潜伏期

种名	寄生部位	潜伏期（天）
黄艾美耳球虫	小肠、大肠	9
肠艾美耳球虫	小肠	9~10
小型艾美耳球虫	小肠	7

续表

种名	寄生部位	潜伏期（天）
穿孔艾美耳球虫	小肠	5
无残艾美耳球虫	小肠	9
中型艾美耳球虫	小肠	5~6
维氏艾美耳球虫	小肠	10
盲肠艾美耳球虫	小肠	9~11
大型艾美耳球虫	小肠	7
梨型艾美耳球虫	结肠	9
斯氏艾美耳球虫	肝脏、胆管	18

（二）临床症状

根据感染球虫的种类以及寄生部位可将兔球虫分为肠型球虫、肝型球虫和混合型球虫三种类型。

1. 肠型球虫 一般潜伏期为3~5天，多发生于30~60日龄仔、幼兔。有的仔、幼兔发病急，病程短，常突然倒地，四肢痉挛划动，头颈僵直后仰，发出惨叫，往往来不及治疗便死亡。大多数病兔主要表现为逐渐消瘦，精神沉郁，食欲下降，磨牙，有不同程度的腹泻，有的腹泻与便秘交替。通常脱水、中毒及继发细菌感染而死。病兔死后肛门排出黄色黏液物质污染尾部。耐过兔一般生长速度缓慢，成为僵兔。

2. 肝型球虫 病兔被毛粗乱，食欲减退或废绝，精神萎靡，用手触及肝区有痛感，腹围增大，发病后期可视黏膜一般出现黄疸或苍白，消瘦而死。肝型球虫一般病程较长，潜伏期10天以上。感染不严重时常无明显临床症状。

3. 混合型球虫 由寄生于肝胆和肠黏膜上皮组织的多种球虫共同引起，其症状一般表现为肠型球虫和肝型球虫两种类型的症状。混合型球虫（图5.56）在生产中较为多见。

图 5.56　因混合型球虫死亡的病兔

（三）病理变化

1. 肠型球虫　该类型病变主要在肠道。小肠有充血、出血症状，剖开肠管可见肠黏膜上皮呈弥漫性针尖大小的出血点，小肠内充满气体和大量黏液，有的为酱红色内容物。病程较长的兔在小肠管壁上可见大头针头大小的白色结节（内含大量卵囊）（图 5.57、图 5.58），严重者可见化脓性坏死灶。有的病兔在结肠、盲肠也有出血症状。

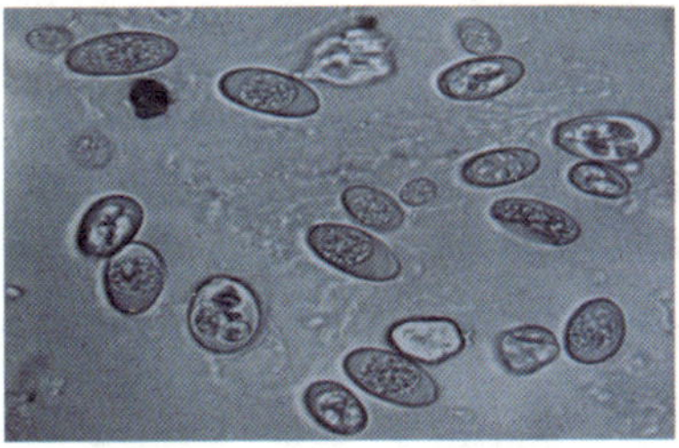

图 5.57　肠型球虫卵囊

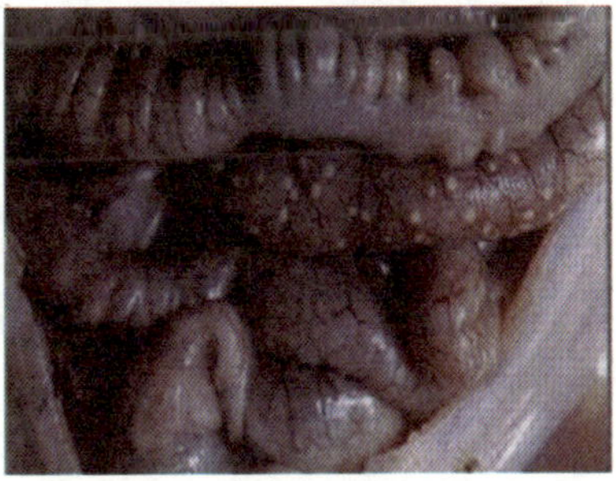

图 5.58　小肠管壁有球虫结节

2. 肝型球虫　其主要病变在肝及胆囊部位。肝脏肿大明显，在肝脏表面和实质常见许多淡黄色球虫结节，粟粒至豌豆大，严重的融合成片。胆囊肿大、胆汁变得浓稠（图 5.59~图 5.62）。

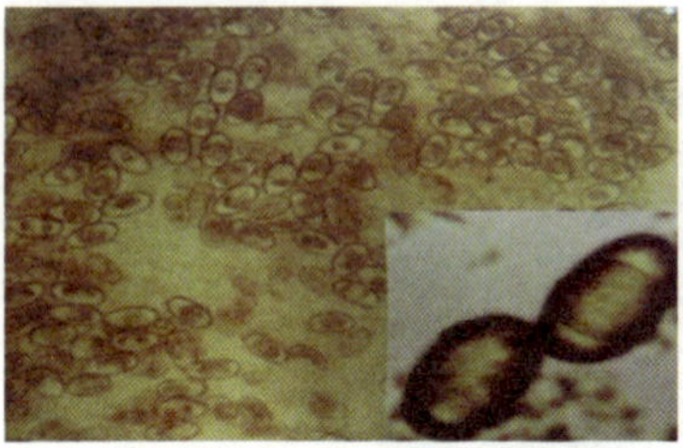

图 5. 59　肝型球虫卵囊

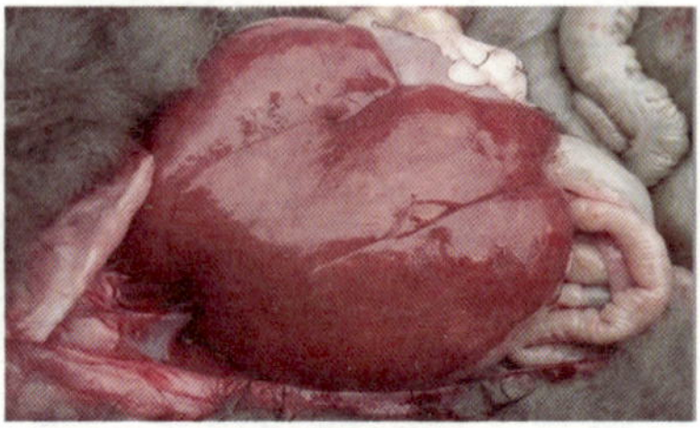

图 5. 60　感染初期肝型球虫病

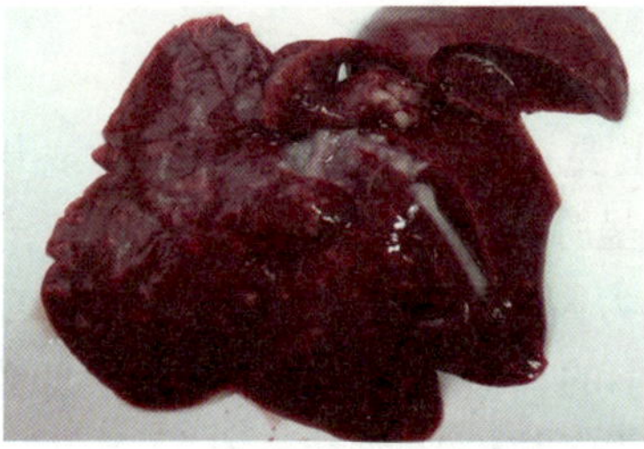

图 5. 61　感染中期肝型球虫病

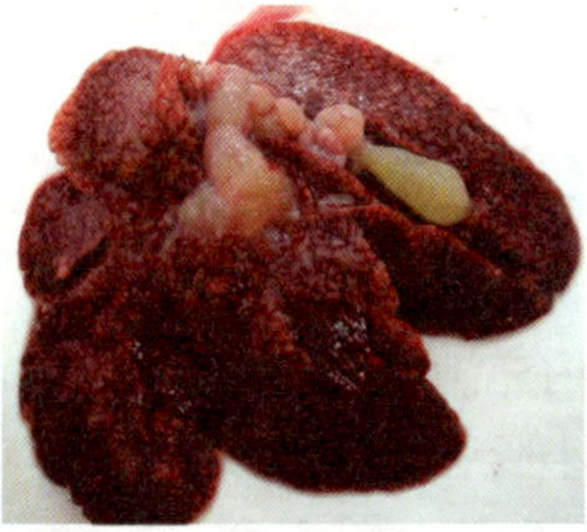

图 5. 62　感染后期肝型球虫病

3. 混合型球虫　病理变化包括肠型球虫和肝型球虫两种类型的病变都不同程度地出现。

(四) 诊断方法

根据 1~3 月龄仔、幼兔多发，出现腹泻、胀气、消瘦、磨牙，以及小肠壁上有许多大头针针头大小的灰白色结节；肝脏表面可见许多淡黄色结节等特点，可初步判断该病。确诊主要进行球虫卵的检查。可采集粪便、肠黏膜或肝结节直接涂片镜检，也可用饱和食盐水法处理粪便后镜检，发现大量球虫卵囊或裂殖体等，即可确诊。但由于兔球虫种类较多，其致病性也各不相同，目前的显微镜检查很难鉴定兔球虫虫种，因而检出球虫卵囊并不能完全指导球虫病的治疗及预防，还需结合养殖场实际情况进行综合判断。

（五）综合防制措施

1. 预防措施　兔球虫病的流行范围广、感染率高，做好群体预防是关键。要做好平时清洁卫生和消毒措施，兔舍内要保持清洁干燥的环境，每出栏一批商品兔要对兔舍地面、背网、产仔箱、食槽等设施和用具进行彻底消毒。加强各阶段兔的饲养管理，兔群要实行分群饲养，避免交叉感染和传播。除以上常规防制措施外，药物预防也是关键。氯苯胍预混剂拌料，每吨饲料加150克（按药物有效成分计算），用药时间从补饲至50~60日龄；0.5%地克珠利，每吨饲料加200克，用药时间从补饲至60日龄。家兔球虫病的防制一定要贯彻“预防为主，防重于治”的方针，用于防制的球虫药要轮换用药和穿梭用药，避免耐药性的产生，同时要严格执行各种药物的休药期。

2. 治疗　氯苯胍预混剂拌料，每吨饲料加300克（按药物有效成分计算），同时添加维生素K辅助治疗，连用1周；0.5%地克珠利预混剂拌料，每吨饲料加400克，连用1周；氯羟吡啶预混剂拌料，每吨饲料加30克（按药物有效成分计算），连用1周。需要注意的是，市场上出售的抗球虫药物种类较多，但多数是鸡用抗球虫药，而有的抗球虫药按照鸡的用量会引起兔中毒，如马杜拉霉素。

二、兔螨病

兔螨病是由螨寄生于家兔体表皮肤上或皮肤内的慢性皮肤病。临床上以引起家兔皮肤发痒、脱毛、结痂为特征。是家兔的一种常见、多发病。

（一）流行病学

本病呈世界性分布。病兔、隐性感染兔是主要传染源，主要通过直接或间接接触性传播，不同品种、年龄的家兔均可感染。由于螨虫从繁殖到发育成熟需要2~3周时间，兔足螨需要的时间更长，相对而言饲养周期长的成年家兔发病率较高，仔、幼兔由于饲养周期短而发病率较低。本病一年四季均可发生，但在湿度较大的季节发病率更高。阴暗潮湿的圈舍比干燥、通风的圈舍更适宜螨虫存活。

（二）临床症状

根据螨虫寄生部位不同可分为体螨（图 5.63）、耳螨（图 5.64）、毛螨（图 5.65）。

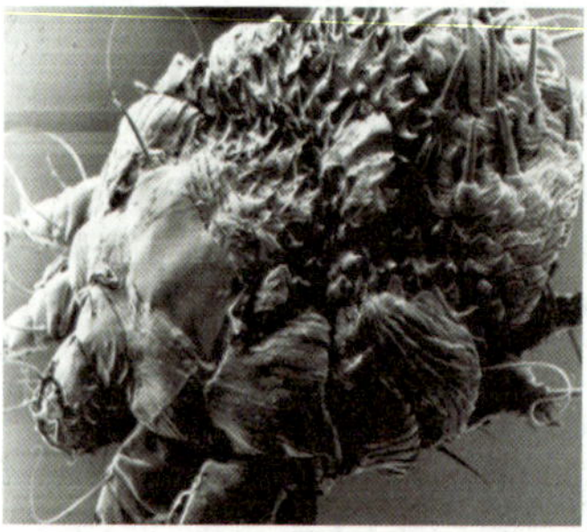

图 5.63　兔体螨病原

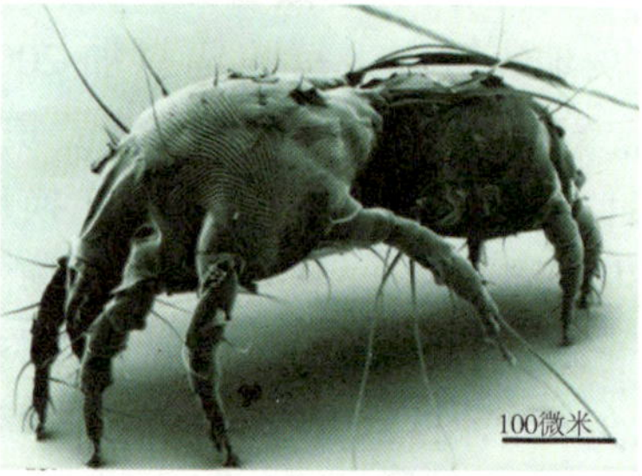

图 5.64　兔耳螨病原

图 5.65　兔毛螨病原

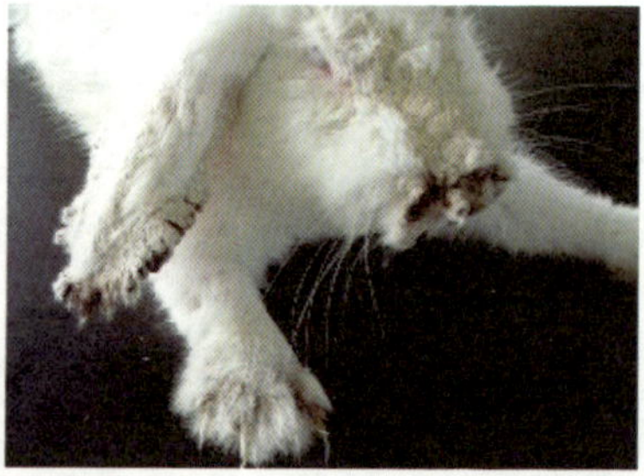

图 5.66　口鼻、耳缘等部位感染疥螨

1. 体螨　病原为疥螨，主要寄生于兔脚趾、眼圈、口鼻、耳缘（图 5.66）等少毛部位。患处表现为皮肤红肿、脱毛、龟裂（图 5.67），主要是由于疥螨的机械作用或分泌物造成的，若长期不治患处逐渐形成灰白色痂皮。病兔发病部位有痒感，病兔会啃咬脚趾（图 5.68），搔抓嘴、鼻、眼部位，长期不治病兔消瘦，影响生产性能，最后衰竭而死。

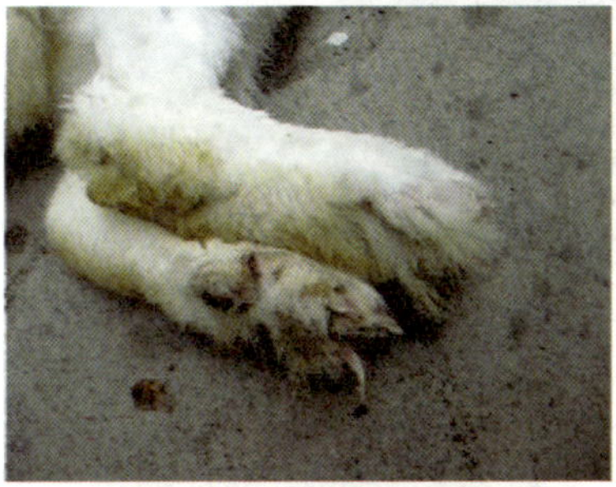

图 5.67　脚趾感染后龟裂

图 5.68　感染疥螨病兔啃咬脚趾

2. 耳螨　病原为痒螨，患病部位发生在耳内。初期耳根处有红肿，随着病情的发展，患病部位向外延伸，流出的分泌物集结在一起形成一层纸卷样、粗糙、麸糠样的黄色痂皮堵塞耳道（图 5.69），有的还会继发细菌感染，出现化脓性炎症。病兔常表现不安，用脚搔抓耳部。到后期痒螨进入脑部，损伤神经系统，造成斜颈症状。

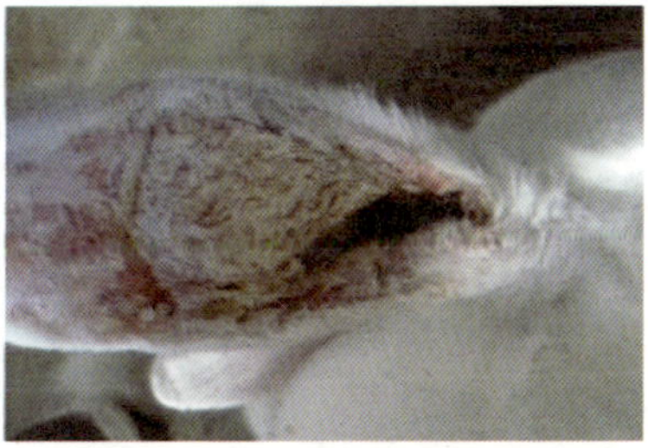

图 5.69　耳分泌物堵塞外耳道

3. 毛螨　病原为毛螨，多见于长毛兔，肉兔也有发生。主要寄生在家兔的被毛上，靠吸家兔血为生，主要造成家兔痒感，毛螨寄生部位的被毛脱落（图 5.70），影响生产性能，肉眼可见毛螨，呈淡红色，芝麻大小在家兔被毛上爬行。

图 5.70　毛螨寄生部位的被毛脱落

（三）诊断方法

根据临床症状即可做出诊断。实验室检查病原可在病健部交界处，用消毒过的小刀片刮取病料，直到皮肤出现微微出血即可。将病料放在载玻片上，滴加 50%甘油或液状石蜡，在低倍显微镜下寻找虫体或虫卵。没显微镜的，则将病料放置在黑色纸张上，用手电筒光照射或酒精灯微微加热一段时间后，用放大镜可见螨虫。

（四）综合防制措施

1. 预防措施　兔舍应经常保持清洁干燥，定期消毒，定期仔细检查兔脚趾、耳内，发现病兔立即隔离、治疗、消毒。笼底板定期替换，用消毒液或杀虫药浸泡或喷洒。杀虫药物可选用高效、无毒的氰戊菊酯溶液，稀释成 0.1%～0.2%的溶液进行浸泡或喷淋。引种或购入新兔，必须从无病兔场购买，并逐只检查是否有疥螨病。做好定期药物预防工作，可采用伊维菌素注射液，每千克体重 0.2 毫克，皮下注射；也可用伊维菌素或阿维菌素拌料口服，每 3～4 个月预防 1 次。

2. 治疗　发现病兔立即隔离治疗。目前治疗家兔螨病主要采用伊维菌素皮下注射，每千克体重 0.2 毫克，间隔 7～10 天再注射 1 次。刮下的痂皮、毛等就地烧毁。无治疗价值的病兔及时淘汰。

三、兔豆状囊尾蚴病

兔豆状囊尾蚴病是由豆状带绦虫的幼虫寄生于家兔体内引起的一种寄生虫病。本病的流行需要犬等肉食动物作为终末宿主，一般在养犬的养殖场较为多发。

（一）流行病学

兔豆状囊尾蚴病呈世界性分布，在我国家兔主产区都有不同程度的感染。犬、猫等肉食动物是本病的终末宿主，而兔是本病的中间宿主。带虫的犬、猫、狐狸以及病兔是本病的主要传染源。主要传播方式为消化道。感染成虫的犬、猫通过粪便排出虫卵孕节或虫卵污染饲料、饲草、饮水等，家兔通过食入这些被污染的饲草、饮水而感染发病。

（二）临床症状

轻度感染的家兔不会表现临床症状，只是生产性能略有下降。若感染幼虫数量较多可导致兔生产性能明显下降，食欲增加，饲料报酬降低，生长发育缓慢，有的成为僵兔。发病严重的还会出现腹胀、消化紊乱等消化系统症状，若不及时治疗，后期消瘦衰竭而死。成年兔感染一般不表现临床症状，但长期带虫，成为传染源。

（三）病理变化

仔、幼兔一般只有在 3 月龄以上的病兔才会发现囊尾蚴（图 5.71）。囊尾蚴主要寄生在家兔的大网膜、肝包膜、肠系膜、直肠周围以及腹腔（图 5.72）的其他部位，囊尾蚴包囊呈白色泡状，透明，大小如豌豆，有的呈串珠状似葡萄串，内充满液体，有头节。感染后期的囊尾蚴会通过胆管寄生于肝脏部位，肝表面和切面有黑红、灰白色条纹状病灶（六钩蚴在肝脏上移行留下病症），病程长的出现肝硬化。有的病例可见腹膜炎，网膜、胃肠等组织出现粘连。

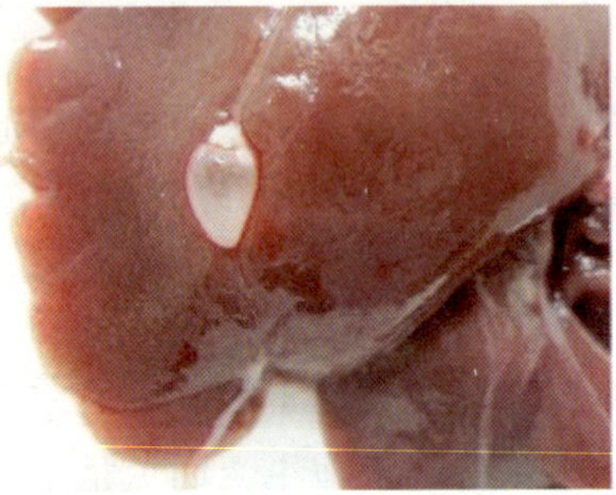

图 5.71　肝脏寄生囊尾蚴

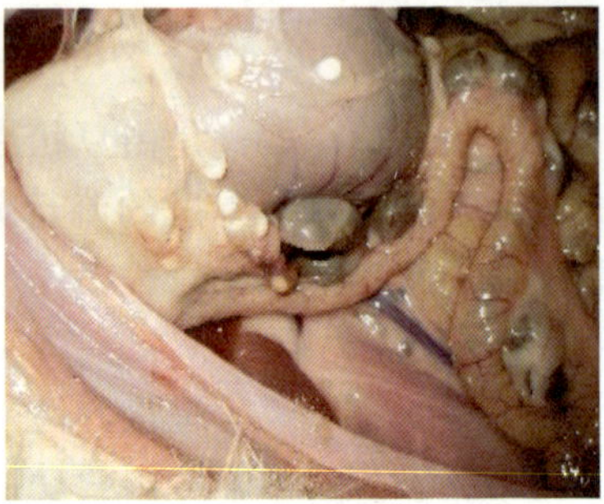

图 5.72　腹腔寄生大量囊尾蚴

（四）诊断方法

依靠临床症状无法诊断，通过剖检发现囊尾蚴即可确诊。

（五）综合防制措施

1. 预防措施　由于兔豆状囊尾蚴病必须在犬、猫等肉食动物和兔之间才能完成其发育，故兔场内禁止饲养犬、猫等动物是防制该病的首要措施，防止场外犬、猫进入兔场。同时病死兔、死胎等不能饲喂犬、猫，从而减少本病的人为传播。每年可对兔群进行一次药物预防性驱虫，奥芬达唑按家兔每千克体重4~10毫克拌料，一般可选择在停繁季节进行。

2. 治疗　发现病兔立即隔离治疗，吡喹酮片，每千克体重10~35毫克，1天1次，连用3天。

四、弓形虫病

家兔弓形虫病是由龚地弓形原虫引起的以细胞内寄生为特点的体内寄生虫疾病，该病是人畜共患病，在人畜以及野生动物之间广泛传播。

（一）流行病学

猫是弓形虫病的主要传染源，病兔和其他带虫动物也是传染源。主要是通过采食了被卵囊污染的饲料、饲草、饮水等通过消化道感染，还可通过呼吸道、眼结膜、皮肤及胎盘感染。吸血昆虫和蜱也可能传播本病。终末宿主主要为猫，中间宿主包括兔、猪、牛、犬、鼠等。本病呈地方性流行，一年四季均可发病，但在春末、夏季和初秋季节发病率相对较高，不同品种、年龄阶段的家兔均可感染发病。

（二）临床症状

母兔感染后一般出现一过性体温升高，主要危害母兔的繁殖能力，导致母兔繁殖障碍，怀孕后期的母兔出现流产症状。轻微感染的一般不出现临床症状或表现出贫血、消瘦、生长发育受阻等症状。病情严重的仔、幼兔早期表现为体温升高，呼吸困难，食欲减退；后期精神萎靡，眼分泌物呈浆液性或黏液性，病程一般1周左右，死前出现惊厥或麻痹等神经症状。

（三）病理变化

典型病例在肝脏上可见灰白色坏死灶（图5.73），渗出物为淡黄色液体；肠道有充血、出血；肠系膜淋巴结肿大、坏死；脾脏肿大（图5.74），呈黑褐色。慢性病例主要表现内脏器官肿大、坏死。病死兔胸腔和腹腔积液（图5.75）。

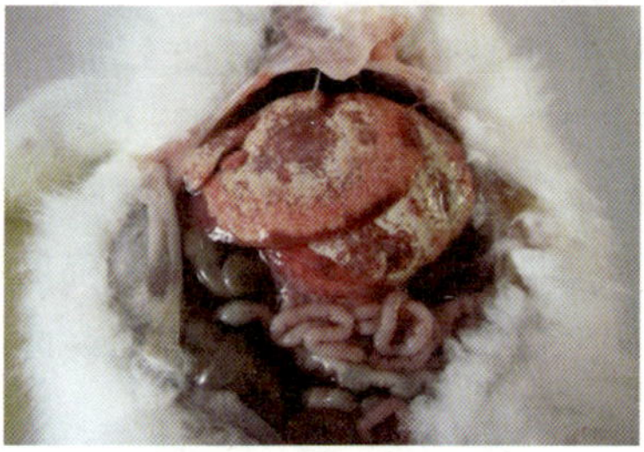

图5.73　肝脏有大面积灰白色坏死灶

图5.74　脾脏充血、肿大

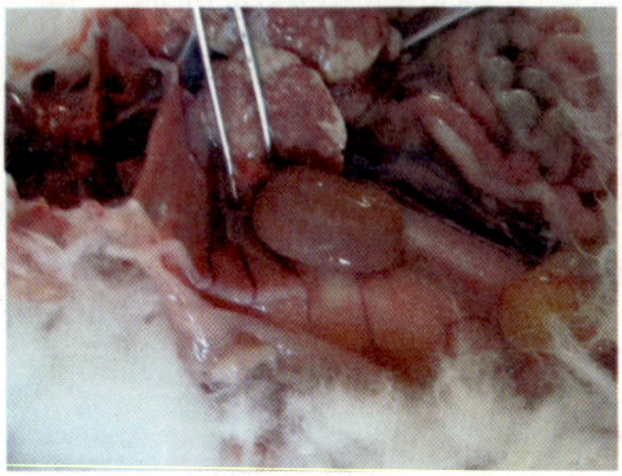

图 5.75　腹腔积液，呈淡黄色

（四）诊断方法

根据流行病学、临床症状和剖检变化只能做出初步诊断，确诊必须进行实验室诊断。采集肝脏、脾脏、淋巴结组织坏死灶或腹水等做涂片，染色镜检，发现虫体即可确诊。隐性感染的通过血清检查才能判定。

（五）综合防制措施

1. 预防措施　兔场内禁止饲养猫、犬，并严防猫粪对饲料、饮水等污染；定期消毒、灭鼠。发现病兔要立即隔离治疗，同时采用2%烧碱或2%福尔马林对兔场进行严格消毒，流产胎儿及其排泄物、病死兔要深埋或焚烧等无害化处理。

2. 治疗　磺胺类药物对弓形虫病具有特效。复方磺胺嘧啶钠注射液，每千克体重 20～30 毫克，肌内注射，1 天 1～2 次，连用 2～3 天；复方磺胺嘧啶预混剂（磺胺嘧啶、甲氧苄啶），按每吨饲料加 100 克拌料（以磺胺嘧啶计），连用 3～5 天；磺胺喹噁啉、二甲氧苄啶预混剂，按每吨饲料 100 克拌料（按磺胺喹噁啉计），连用 3 天。

第五节　常见普通病的防制

一、胃肠炎

胃肠炎是由诸多外界因素引起家兔消化道功能障碍或紊乱的一种胃肠道炎症性疾病。临床上以拉稀、腹泻为主要特征。

（一）病因

引起该病的病因很多，主要有饲养管理不当；家兔采食了腐败、霉烂的饲草；日粮结构不合理、不平衡，如高蛋白低纤维型日粮等；有毒物质所致，如家兔误食了有机磷药物、灭鼠药等，家庭式养殖家兔容易采食含毒素较高的饲草、树叶等导致发病；其他应激因素，如气候变化、长途运输、断奶应激等。家兔在上述因素的诱导下发生胃肠炎，若继发细菌、病毒、寄生虫感染，会加重病情的发生。

（二）症状

发病初期病兔食欲减退，消化不良（图 5. 76），排软粪，排出的粪便上带有黏液样物质黏附；发病中期出现轻度腹泻，食欲严重下降，精神不振。不同病因导致的胃肠炎，症状不同，有的呈黏液性腹泻，有的呈血样腹泻，有的还会出现神经症状，如四肢呈划水样；到后期严重脱水，身体消瘦，背皮松弛，被毛粗乱，呼吸困难或急促，耳、四肢末端体温冰凉，继发微生物或寄生虫感染还会出现其他疾病症状，死前体温下降。

（三）病理变化

剖检可见病死兔胃部膨胀很大（图 5. 77），并挤压膈肌，胃内容物呈粥样，有酸臭味，剖开胃见胃底黏膜脱落、溃疡，有的还有出血症状；小肠肠壁变薄而透明（图 5. 78），黏膜充血、出

图 5.76　病兔精神萎靡，腹泻

血严重，肠管内有黏液样内容物；肠系膜淋巴结肿大；有的盲肠浆膜也有出血症状。

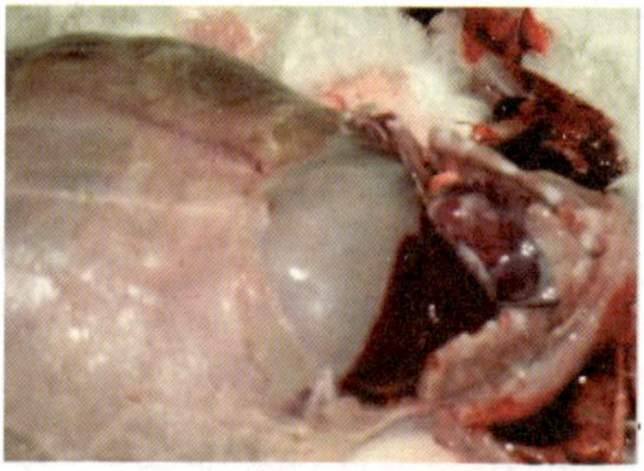

图 5.77　胃部膨胀

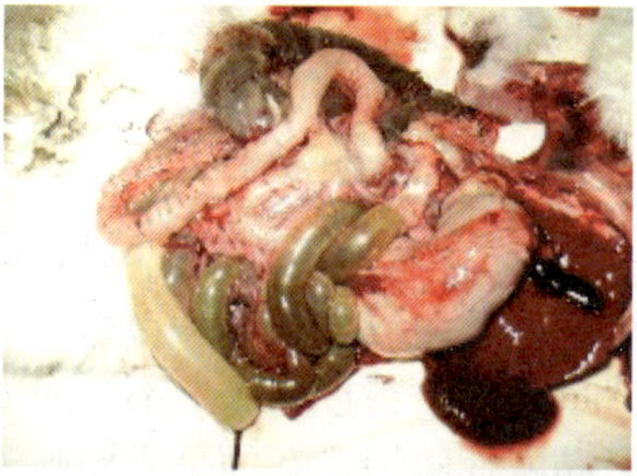

图 5.78　肠道充血，肠壁变薄，内有黏液样内容物

（四）诊断方法

根据病史、症状和病理变化可做出诊断。该病后期一般会继发细菌性感染，表现出细菌性传染病的症状。

（五）综合防制措施

1. 预防措施　做好各年龄阶段和各季节的饲养管理工作，

夏季要做好防暑降温，冬季做好防寒保暖；保证饲用日粮的安全性和平衡性，禁止饲喂带农药的饲草以及自身带毒的饲草；做好兔场内灭鼠工作，尽量不采用药物灭鼠以免误食；搞好兔场的清洁卫生和日常消毒工作，减少各种应激因素。

2. 治疗　首先要根据病因消除致病因素，然后才进行对症治疗。治疗原则：首先抗菌消炎，硫酸新霉素，每千克体重 10~20 毫克，口服，1 天 2 次，连用 3 天；恩诺沙星注射液，每千克体重 2.5~5 毫克，肌内注射，1 天 1~2 次，连用 3 天。其次要消胀健胃，二甲硅油片，1 次 0.1 克；乳酶生片，1 次 1 克，口服（乳酶生不能和抗生素同时使用）。脱水严重的要进行补液，5%葡萄糖生理盐水，1 次 20 毫升，耳静脉或腹腔注射。

二、毛球病

毛球病是由于家兔食入大量兔毛并在胃内与食物纠缠成毛团，阻塞胃部而导致的一种疾病。一般长毛兔较为多见，肉兔也有发生。病理剖检以胃内大量积兔毛为特征。

（一）病因

饲养管理不当，如兔笼空间过小或单位笼内饲养密度过大，导致家兔相互啃咬而拉毛，或者家兔生理性换毛，但没有及时清理而被家兔食入所致；采用金属笼饲养时，相邻兔之间也容易啃咬、拉毛而发病；日粮中缺乏微量元素、维生素或含硫氨基酸等，导致兔形成异食癖而相互拉毛食入所致；分娩母兔拉毛做窝，母兔将被毛、垫草食入过多等所致。

（二）症状

本病是慢性疾病，病兔一般表现为慢慢出现采食量减少，到后期不食不饮，起卧不安，腹围增大，触及胃部有痛觉；排出粪便细小，有便秘症状，粪便有大量兔毛包裹。

（三）病理变化

剖检病死兔可见胃部膨大，胃内有大量兔毛聚集，肠道中也有兔毛团存在。

（四）诊断方法

病死兔胃、肠内部发现兔毛团即可确诊。

（五）综合防制措施

1. 预防措施 加强饲养管理，商品兔饲养密度不宜过大，一般一笼饲养不宜超过 3 只，青年兔、成年兔必须采用单笼饲养；日粮要求平衡合理，要充分保证微量元素、维生素以及含硫氨基酸的供给，在家兔换毛或拉毛时要及时清理掉笼舍内的兔毛，防止家兔食入。

2. 治疗 症状较轻的病兔，可每天口服液体石蜡或植物油 15~30 毫升，直到毛球排出为止，排出毛球后应饲喂柔软易消化的日粮，同时口服乳酶生片，1 次 1 克，进行开胃。对于病情严重的直接淘汰处理。

三、不孕症

家兔不孕症泛指母兔的生殖功能发生障碍导致暂时或永久性的不能繁殖后代，养殖生产中以性功能减退或繁殖功能障碍为主要特征。

（一）病因

1. 营养性不孕 家兔缺乏与繁殖相关的各种营养物质，如蛋白质、维生素 E 等。

2. 饲养管理不当 如母兔每天饲喂量过多或过少，导致母兔过肥或过瘦也会出现长期不发情。母兔饲养地点采光性差、阴暗潮湿等，也会导致母兔长期不发情。

3. 疾病因素 如母兔出现阴道炎、子宫炎、子宫积脓、卵巢囊肿，以及死胎未产出留在子宫内等疾病导致的不孕。

4. 公兔因素　精液缺乏或品质差所致的不孕。

（二）症状

母兔表现不发情或久配不孕。

（三）综合防制措施

1. 预防措施　本病关键在于预防。首先必须加强饲养管理，每日保证适宜的饲喂量，保持母兔适宜的繁殖生产体况，饲养母兔的圈舍必须采光性好，一般要求母兔每天的自然采光时间达到10小时以上，进行人工授精配种的要求达到16小时以上，兔舍内保持清洁干燥；保证母兔营养平衡，避免出现营养性不孕，高强度繁殖的母兔可适度增加营养物质供给；舍内温度持续太高时要进行人工降温。定期消毒，定期检查公、母兔是否有生殖道疾病，如若发现应及时隔离治疗或淘汰，人工授精时要对器械进行严格消毒处理，防止感染发病。加强母兔采光，每天补充青草或维生素，对于过肥母兔要减少饲喂量，相对较瘦的母兔要增加饲喂量。

2. 治疗　有生殖道疾病的要及时治疗，采用0.1%高锰酸钾溶液冲洗子宫、阴道，同时用磺胺间甲氧嘧啶进行全身给药，每千克体重200毫克，肌内注射，1天1次，连用3天。有的母兔可采用激素进行催情促排卵，孕马血清，每兔25~40单位，肌内注射，48小时后每兔注射促排卵3号1微克。久治不孕的母兔要做淘汰处理。

四、流产、死胎

流产、死胎是指在各种影响因素下导致母兔妊娠中断或胚胎死亡的一类疾病。

（一）病因

1. 饲养管理不当　如母兔怀孕期间突发高分贝噪声影响，检胎、抓兔等动作过大等机械性作用引起流产；有的母兔因初配年龄过早也会导致流产；近亲繁殖容易导致优良品种退化，产生流产、死胎、畸形胎等。

2. 中毒因素 主要包括饲料霉菌毒素超标，母兔误食有毒物质（有机磷农药、灭鼠药等），都会造成母兔流产、死胎。

3. 药物因素 怀孕期间母兔服用了驱虫药、烈性泻药以及子宫收缩药物也会造成流产、死胎。

4. 营养性因素 怀孕期间，特别是怀孕后期，母兔和胚胎对营养需要量明显提高，这一时期如果饲料营养价值不足或不平衡很容易导致流产、死胎。

5. 疾病因素 许多病原微生物感染也会导致流产、死胎，如沙门杆菌、李氏杆菌等。

（二）症状

怀孕母兔产出未足月的活胎儿、死胎、足月死亡的胎儿（图5.79）、畸形胎（图5.80），产出未足月的活胎儿很难饲养，有的死胎不能产出，留在母兔子宫内形成木乃伊胎。已流产母兔常出现食欲减退，体温升高，阴道不断流出暗红污秽物，个别病例有腥臭的脓性液体；兔笼底下可见血液和不足月胎儿。而隐性流产一般发生在妊娠早期，即胎儿被母兔吸收，母兔表现腹围逐渐缩小，无其他症状。

图5.79 产出死胎，胎儿皮肤变暗

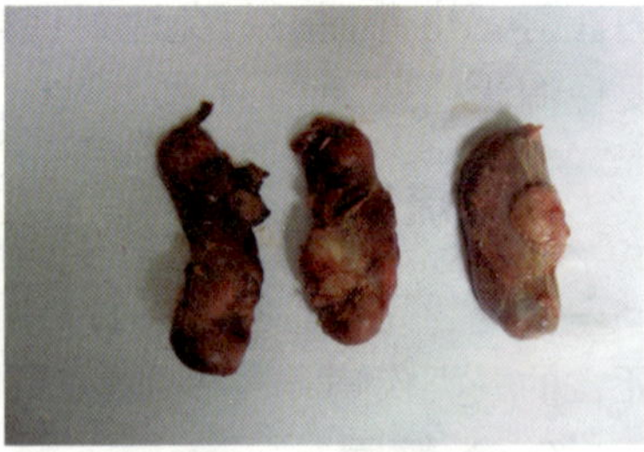

图5.80 怀孕母兔流产，产出畸形胎儿

（三）诊断方法

发现怀孕母兔提前分娩或分娩出死胎，触摸母兔腹部，体内有死胎即可确诊。

（四）综合防制措施

1. 预防措施　该病重在预防，要加强饲养管理，保持母兔怀孕期间营养供给，保证饲料品质的安全；保持兔场环境安静，免受噪声影响。怀孕期间最好不要进行免疫接种工作；胎检时动作要轻。怀孕母兔要慎用药，驱虫药、泻药、子宫收缩药物等可导致流产不能使用。同时做好兔场种兔的系谱工作，避免近亲配种。

2. 治疗　一旦发生该病，无任何有效治疗措施，重在预防。

五、难产

难产是指怀孕母兔超过怀孕期限后不能自主顺利地产出胎儿或部分胎儿。

（一）病因

导致母兔难产的病因主要有以下几点。

1. 母兔产道狭窄　主要因母兔配种过早，母兔自身并未成熟或发育不完善，骨盆腔较小，胎儿不能顺利通过产道产出造成难产；有的是因骨折或肿瘤挤压导致产道狭小而难产。

2. 胎儿异常　主要包括胎儿过大，胎儿胎势、胎位、胎向异常导致胎儿不能产出造成难产。

3. 产力不足　主要是老龄母兔在分娩时子宫收缩能力不足，以及母兔体况较差或过肥等而导致的产力不足造成难产。

4. 气候因素　在炎热季节，气温较高也容易导致母兔难产。

（二）症状

到分娩期的母兔出现分娩征兆，但不能顺利产出胎儿，有的只能产出部分胎儿。难产母兔努责明显，痛苦不堪，产道有血水流出；触摸腹部可感觉有胎儿。

（三）诊断方法

若超过怀孕期限的母兔不能自主顺利产出胎儿可判定为难产。

（四）综合防制措施

1. 预防措施 防止母兔配种过早，不同品种家兔的初配年龄是不一样的，一定要严格按照各品种的初配年龄进行配种。要保持母兔的配种、怀孕、分娩体况，防止过肥、过瘦或体质虚弱等情况出现，对老龄母兔要及时淘汰。在气候炎热季节若无降温措施可停止繁殖。

2. 治疗 对产道、胎位、胎势正常而不能顺利生产的母兔，可肌内注射催产素，每兔 10 单位，一般 1～2 小时后可产出。若胎儿已经有部分伸出母体外，可人工助产。因产道狭窄或胎儿过大、胎位不正的，可进行剖宫产。

六、产后瘫痪

产后瘫痪是指母兔产后 1 周内出现的以站立不起、全身瘫软为特征的一种代谢性疾病。

（一）病因

产前缺乏阳光照射和足够的运动；日粮中钙、磷不足或钙、磷比例失调；产仔窝次过密，哺乳仔兔过多；饲料中毒或患其他疾病。产仔多的母兔，以及产后泌乳量大的母兔更易发生该病。

（二）症状

母兔产后突然出现后肢站立不起或全身瘫软，伏于笼底板上，不能站立，采食减少或不食，精神萎靡，时间长了出现体温下降。

（三）诊断方法

根据发病时间、病因调查和症状可初步判定。

（四）综合防制措施

1. 预防措施　保持日粮中钙、磷含量和比例之间的平衡，特别是怀孕后期和产后母兔的日粮。一般母兔日粮中磷酸氢钙含量为1%，石粉0.7%，对高产母兔可在产后适当补充钙。

2. 治疗　该病主要是缺钙所致，因此补充钙制剂有特效。10%葡萄糖酸钙，每兔10毫升，静脉缓慢注射，每天1次，连用3~5天；或肌内注射维丁胶性钙1~2毫升。

七、缺乳或泌乳不足

缺乳或泌乳不足是母兔产后表现出缺乳或泌乳量少，不能满足仔兔需要的一种疾病。

（一）病因

引起母兔缺乳或泌乳不足的原因较多，除先天性的乳腺发育不全，瞎乳头和因母兔年龄过小，乳腺尚未发育完善，或年龄过大，乳腺已萎缩，激素分泌紊乱以外，绝大多数情况是与母兔营养不良直接相关。如日粮营养水平低，喂量少，供给营养不足，日粮搭配不合理，缺少蛋白质或维生素（青绿多汁饲料）；或母兔患有其他寄生虫病和消耗性疾病，导致消化不良，使营养吸收出现障碍等。

（二）症状

缺乳或无乳，主要表现为乳房和乳头松弛、柔软或萎缩变小；母兔不愿哺乳，仔兔因饥饿而不停地在产箱内爬行、吱吱叫，消瘦，增重缓慢，甚至饥饿而死（图5.81）。

（三）诊断方法

发现产后母兔不泌乳或泌乳量不能满足仔兔需要时即可确诊。

（四）综合防制措施

1. 预防措施　对本病预防的重点是加强怀孕后期和哺乳期母

图 5.81　母兔缺乳导致仔兔饿死

兔的饲养管理，保证营养供给，增添青绿多汁饲料，煮花生或黄豆，特别是含胡萝卜素丰富的饲料；防止早配；淘汰老龄母兔。

2. 治疗　使用催乳和开胃健脾的药物，如木通、通草、党参、山楂、陈皮等（忌喂麦芽）。还可用催乳片口服，每只 2~3 片，每天 1 次，连用 4~5 天。同时，加强营养和增加青绿多汁饲草。

八、脚皮炎

脚皮炎是家兔脚底部出现破皮、损伤、炎症、化脓性感染等症状的一种疾病。

（一）病因

主要是由于家兔长期呆于兔笼内，脚底部皮肤被笼底的粗糙不平或尖锐异物刺伤、刮伤，继发细菌感染后发生化脓性或溃疡性炎症。还有的种兔因体型大，长期在无竹笼底板的铁丝上站立，因铁丝较细，使脚底单位面积承载重量过大，长期这样引起兔脚底皮肤出现压迫性炎症。

(二) 症状

脚趾部脚皮炎（图 5.82）病兔表现出病肢疼痛，不愿着地，四肢频繁交替支撑身体；脚掌发生脚皮炎（图 5.83），病兔脚掌出现大小不等的带有痂皮样的溃疡灶。一般脚皮炎发生后都会继发细菌性感染，患处出现化脓性炎症或积脓。食欲下降，到后期身体逐渐消瘦。

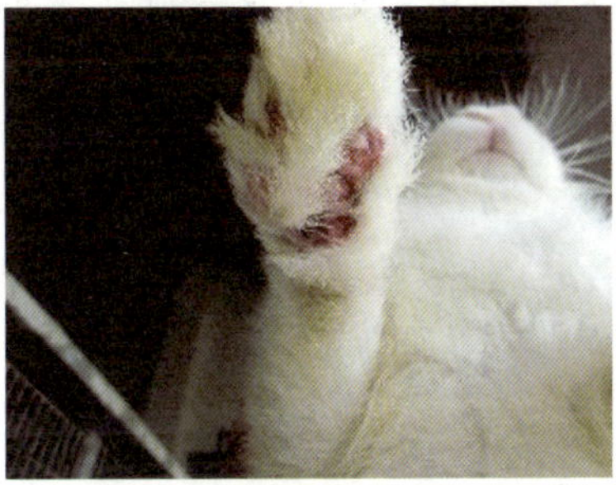

图 5.82　脚趾部发生脚皮炎

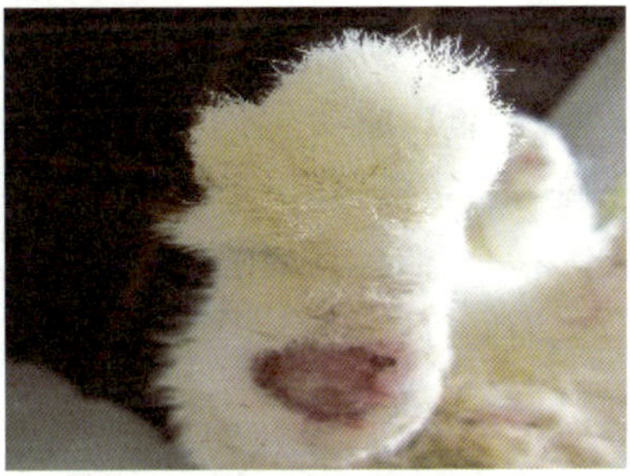

图 5.83　脚掌发生脚皮炎

(三) 诊断方法

发现家兔脚底部有炎症和溃疡即可确诊。

(四) 综合防制措施

1. 预防措施　保证兔笼底板平整光洁，无锋利物体，种兔笼宜垫竹制的笼底板。

2. 治疗　发现病兔，立即隔离治疗，一般发现越早，治愈效果越好。对患病部位先清除外层痂皮和坏死组织，然后用双氧水或新洁尔灭清洗消毒，再涂上紫药水、青霉素软膏或红霉素软膏等，最后用纱布包裹好患处，病兔单笼饲养，要连续治疗，症状轻微的恢复较快。对于病情严重的病兔做淘汰处理。患处化脓的要先排出脓液，再进行清洗、消毒、上药。

九、结膜炎

结膜炎是指病兔眼角膜、眼睑出现以炎症、流泪为特征的疾病。

（一）病因

引起家兔结膜炎的病因很多，主要有以下两类。

1. 病原微生物类 许多病原微生物可引起家兔结膜炎，如衣原体、多杀性巴氏杆菌等。

2. 非病原微生物类 兔舍内长期空气质量较差，氨气、二氧化硫等有害气体长期刺激致兔结膜炎；异物性结膜炎，如污秽尘埃等；有毒有害的化学物品，如使用强刺激性或高浓度的消毒剂带兔消毒等；营养性缺乏也可导致结膜炎，如维生素 A 缺乏等。

（二）症状

病兔初期眼角膜、眼睑出现红、肿、热、痛等炎性症状，眼流出浆液性分泌物，分泌物打湿眼周围被毛（图 5.84）。到后期炎症越发严重，分泌物转化为黏液性、脓性，致眼睑粘连，角膜发炎、混浊甚至溃疡，严重时可引起全眼球炎直至失明。

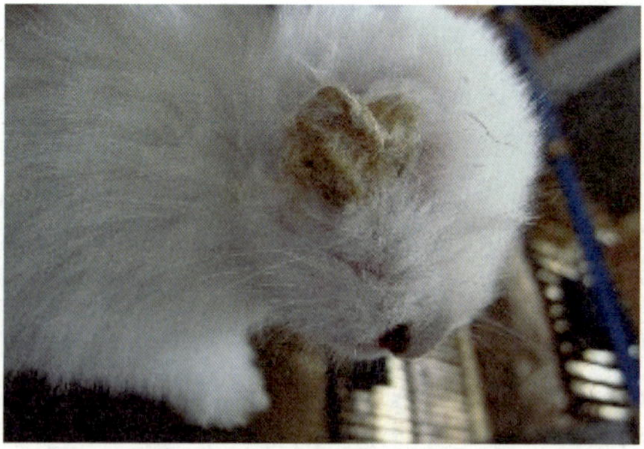

图 5.84 眼分泌物将眼睑严重粘连

（三）诊断方法

根据症状可做出诊断。

（四）综合防制措施

1. 预防措施　加强饲养管理，保持兔舍清洁干净，通风换气良好，防止污秽尘埃、粉尘等侵害家兔；带兔消毒时不能使用强刺激和高浓度消毒剂；防止强光照射；适当补充维生素 A 等。

2. 治疗　发生结膜炎的家兔要及时治疗，可选用 0.01%新洁尔灭溶液、2%硼酸溶液、0.6%黄连素眼药水配合抗生素类眼药水进行点眼，1 天 2 次，治愈为止。对顽固性化脓性结膜炎，可先用 2%的硝酸银液清洗，再用生理盐水冲洗，同时，结合使用金霉素眼膏、氢化可的松眼药水等治疗。

十、中暑

家兔长时间处于烈日下暴晒或高温闷热环境下，引起体温调节功能紊乱，出现呼吸、心跳加快，全身瘫软、抽搐痉挛，口吐白沫等症状为中暑。

（一）病因

家兔汗腺不发达，对热十分敏感。长时间处于烈日直接暴晒下或兔舍闷热，通风效果较差等都容易引起中暑。本病多发于炎热盛夏或长途运输。各种年龄的兔都可发病，以孕兔和幼兔为多见。

（二）症状

发病突然，体温升高，呼吸急促，心跳加快，可视黏膜潮红，有的还会出现带血的鼻液分泌物；不食，精神沉郁，全身瘫软，不能站立。严重者发生昏迷，全身痉挛，呼吸困难，口吐白沫，很快死亡。

（三）病理变化

剖检可见鼻腔和气管有带血泡沫，肺充血水肿，脑和脑膜充血水肿；其他脏器无明显变化。

（四）诊断方法

根据病史和症状可做出诊断。

（五）综合防制措施

1. 预防措施 在炎热夏季要采取防暑降温、通风换气措施。避免太阳光直接照射家兔，兔舍外要种植高大乔木遮蔽阳光，也可采用遮阳网搭建在兔舍上方，可减弱阳光直射和起到一定降温效果。兔舍内要安装排风扇，使舍内的空气能自由流通。在夏季还要减少兔舍内的饲养密度。可在中午时添喂一次青草、西瓜皮等；在饮水中可添加十滴水，按3%~5%浓度添加，效果明显。长途运输应尽量安排在夜间，装载不要过于拥挤，注意通风和休息，供应充足的饮水。

2. 治疗 发现兔中暑，立即将其移放到阴凉通风处，同时进行耳静脉放血，口服藿香正气液2毫升，十滴水2~3滴或人丹丸2~3粒。也可适度用冷水或冰块外敷或冷生理盐水灌肠。口服或静脉注射5%葡萄糖盐水15~20毫升。

十一、佝偻病

佝偻病是仔兔的一种以钙、磷缺乏（维生素D不足）的一种代谢障碍性疾病。

（一）病因

本病的主要病因为日粮中钙、磷缺乏，钙、磷比例不平衡或维生素D不足等。

（二）症状

先天性佝偻病表现为头面骨肿大，四肢关节肿大，行动不便。后天性佝偻病表现为异食癖，四肢骨畸形，出现“X”形腿；病重期四肢麻痹，卧地不起，消瘦。

（三）诊断方法

本病根据典型的症状和饲料分析可确诊。血液检查钙的含量明显低于正常兔。

（四）综合防制措施

1. 预防措施 加强日粮的合理调配，保证日粮中要有足够的维生素 D、钙、磷，钙、磷比例要平衡。

2. 治疗 病兔可肌内注射维生素 AD 注射液，每次 0.5～1 毫升；维生素 D_2 胶性钙注射液皮下或肌内注射 0.5～1.0 毫升。若日粮中钙、磷不足，可按比例添加。在饮水中，可添加维生素 D 可溶性粉。

第六节 常见中毒性疾病的防制

一、有机磷中毒

家兔采食了含有有机磷杀虫药的饲草、饮水或在驱体外寄生虫时使用不当等而引起的中毒性疾病。

（一）病因

家兔有机磷中毒主要有以下几种方式或途径：家兔误食了刚打过农药的牧草或被农药污染了的饲料。采用有机磷药物进行兔体外寄生虫驱虫时，药物的浓度过高、用量过大，或舔食了喷雾或药浴时留在体表的驱虫药。采用有机磷药物驱除体内外寄生虫时，与碱性物质混用可增加有机磷药物的毒性，也容易导致中毒。

（二）症状

家兔有机磷中毒后首先出现食欲废绝、流涎、呕吐、腹痛、腹泻、兴奋不安、抽搐、痉挛、瞳孔缩小、呼吸急促、心跳加快、体温下降等，到后期则站立不稳，全身瘫软，四肢呈划水状运动，痛苦难受（图 5.85），直至死亡。

图 5.85　中毒兔站立不稳，痛苦难受

（三）病理变化

剖检见气管、食道内有泡沫状分泌液，胃肠道出血（图 5.86），黏膜易脱落，肠管内有黏液样物质充盈。有时可在胃肠道闻到有机磷药物的特殊气味；肺部有点状出血（图 5.87）。

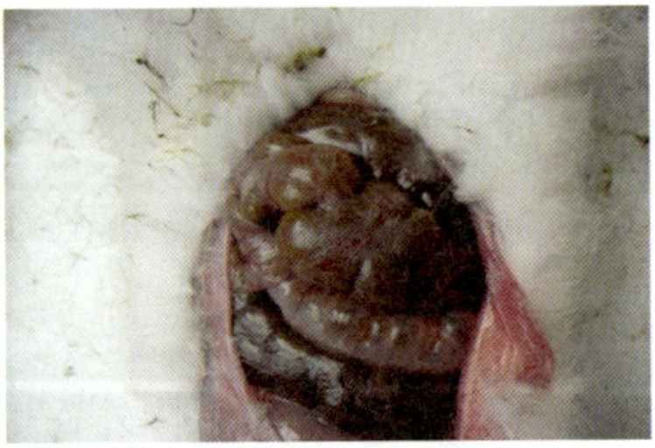

图 5.86　中毒兔肠道黏膜出血

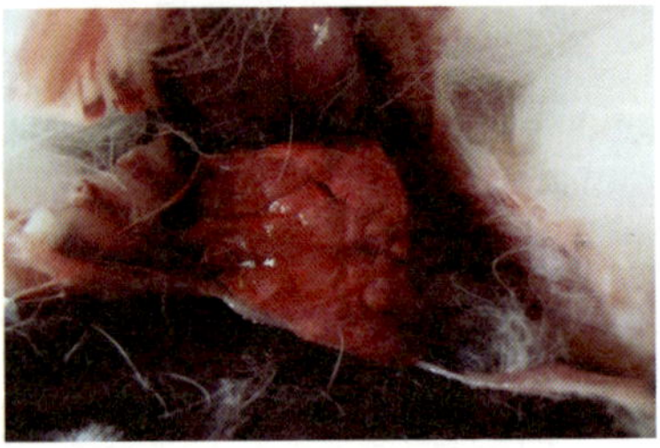

图 5.87　中毒兔肺部出血

（四）诊断方法

根据病史和症状可确诊本病。

（五）综合防制措施

1. 预防措施　不要喂刚喷洒过农药的青草；不能用清洗盛放过农药用具的水喂兔；不能用盛放过农药的口袋、盆等用具盛放饲料。在采用有机磷杀虫驱虫时一定要慎用，最好使用毒性较小，浓度较低的药物。

2. 治疗　发现有机磷中毒必须尽早治疗。采用硫酸阿托品注射液，肌内、皮下或静脉注射，每次每千克体重 0.1～0.5 毫克，每隔 2~4 小时 1 次，直至症状缓解为止。同时，静脉或肌内注射解磷啶，每千克体重 15~30 毫克，每天 2~3 次。病情严重的可静脉或腹腔注射 5%葡萄糖生理盐水，每兔 20 毫升。

二、霉菌毒素中毒

家兔因食入霉变或霉菌毒素超标的饲草、饲料而发生的中毒性疾病。

（一）病因

在兔的饲料中，玉米、花生、豆饼等霉变后，霉菌会大量滋生，并产生毒素，其中最主要的是黄曲霉菌及其毒素。家兔霉菌毒素中毒主要是采食了发霉、变质的饲料（图 5.88）、牧草或长时间采食眼观无霉变但霉菌毒素明显超标的饲草、饲料。

图 5.88　发霉变质的饲料

（二）症状

仔、幼兔中毒表现为拉稀、粪便呈黑褐色，有时带有血液；病兔精神不振，食欲减退或废绝，后期出现口唇皮肤发绀，可视黏膜黄染，耳根、四肢末梢冰凉，四肢无力，软瘫，全身麻痹而死。母兔霉菌毒素中毒后，表现为采食量下降，不易受孕，妊娠母兔出现普遍性流产、死胎等症状。采用药物治疗一般无效。

（三）病理变化

可见肝脏明显肿大，质地变脆，表面有出血斑点。胃肠道黏膜充血、出血。慢性中毒死亡的家兔可见肺部有大小不一的霉菌结节，肝脏呈淡黄色，不同程度硬化。

（四）诊断方法

本病根据病史、症状可做出初步诊断。确诊时需对饲草、饲料做霉菌毒素检测。

（五）综合防制措施

1. 预防措施　加强饲料和原料的管理存储工作，饲料及原料要放在干燥的地方存储，且不漏雨水，不能直接放在地面。霉变、结块的饲料以及腐败的饲草不能饲喂家兔，每天要及时清理食槽中的剩料。自配饲料的要加强饲料原料的采购，在饲料中添加防霉和脱霉剂。

2. 治疗　若发现霉菌毒素中毒，要立即停止饲喂霉变或霉菌毒素超标的饲草、饲料。可在饮水中按5%加入葡萄糖和大剂量维生素C，连用1周，有一定保肝排毒作用。还可在饮水中按2%浓度添加碳酸氢钠粉，连续饮水1周。

三、食盐中毒

家兔食盐中毒是指家兔一次性采食了过量的食盐或长期食入高盐量饲料或饮水而导致的一种中毒病。

（一）病因

食盐在兔料中添加量一般为0.3%～0.5%。导致食盐中毒的原因主要有地下水中的含盐量较高，长期直接饲喂家兔；高盐量的鱼粉或高盐量的日粮饲喂家兔；还有在配制饲料时把食盐剂量算错导致添加过量等。

（二）症状

食盐中毒的病兔初期表现为饮水量增加，眼可视黏膜潮红，食欲废绝，兴奋不安，有的表现腹泻症状；到后期出现呼吸困难，四肢抽搐，站立不稳，若不及时治疗，很快死亡。

（三）病理变化

剖检可见脑水肿明显，肠道黏膜充血、出血。

（四）诊断方法

本病根据病史、症状可做出诊断。确诊要检测饲料、饮水中的食盐含量。

（五）综合防制措施

1. 预防措施 兔场自己打的地下水井，使用前最好先检测食盐含量。含盐量高的水不能直接供家兔饮用。一般日粮中食盐的添加量不宜超过 0.5%，并保证食盐在饲料中混合均匀。

2. 治疗 立即停止饲喂含盐量高的饲料或饮水，保证兔群有充足的饮水。静脉或腹腔注射 10% 葡萄糖溶液，每兔 20～30 毫升。灌服肥皂水，每兔 10 毫升可帮助肠道内容物排出。

四、棉籽饼中毒

棉籽饼中毒是棉籽饼中的有毒成分棉酚导致家兔发生的一种中毒性疾病。

（一）病因

棉籽饼（图 5.89）是家兔日粮中常用的蛋白质原料，但在棉籽饼中含有有毒成分棉酚，棉酚在兔体内排泄缓慢，有蓄积作用，对家兔的繁殖性能有严重的伤害作用。一般食用的棉籽饼必须经过脱毒处理才能使用，因长期使用未经脱毒的棉籽饼造成家兔中毒或在家兔日粮中添加的脱毒棉籽饼过多也容易发生中毒现象。相对而言，仔、幼兔和怀孕母兔对棉籽饼中棉酚毒素比较敏感。受棉酚的限制，适宜添加量为1%~2%，种兔料不宜使用。

图 5.89　棉籽饼

（二）症状

棉籽饼中毒一般具有群体性发病的特点，一般是长势较好，采食量较大的家兔先中毒发病。中毒初期家兔只是出现采食量下降的征兆，到中后期出现食欲废绝、精神萎靡、头低耳耷、全身瘫软、站立不稳、呼吸急促，有的出现血尿症状。仔、幼兔中毒多表现有腹泻等消化道症状，一般脱水消瘦而死。怀孕母兔出现流产、死胎的繁殖障碍综合症状。

（三）病理变化

仔、幼兔中毒可见胃肠道黏膜出血，长期中毒的肾脏也可见出血，有的膀胱中积有血尿。怀孕母兔子宫内膜充血、出血，有的胎儿已经死在腹中，死胎呈木乃伊样。

（四）诊断方法

根据病史和症状可初步诊断本病。确诊须对日粮中的棉酚含量进行检测。

（五）综合防制措施

1. 预防措施　作为蛋白日粮使用的棉籽饼必须经过脱毒处

理，主要通过炒、蒸等加热的方式进行脱毒；商品兔日粮中棉籽饼的添加量一般不超过 8%，繁殖种兔的添加量不能超过 3%。

2. 治疗　发现棉籽饼中毒迹象后立即停止饲喂该日粮。治疗原则为：①清理胃肠。一般停食 1 天，同时在饮水中添加6%～8%硫酸镁泻药，连用 3 天。②抗菌消炎。在饮水中添加氟哌酸，每升水中加 100 毫克，连用 3 天。③辅助治疗。在饮水中添加葡萄糖、复合维生素类等药物，连用 1 周。在治疗过程中一定要保证充足饮水。

五、菜籽饼（粕）中毒

菜籽饼（粕）中毒是指菜籽饼（粕）（图 5.90、图 5.91）中的毒素导致家兔中毒的疾病。特别是未经脱毒处理的菜籽饼（粕）直接饲喂家兔，极易引起中毒。

图 5.90　压榨菜籽饼

图 5.91　浸提菜籽饼

（一）病因

传统压榨工艺生产的菜籽饼（粕），兔料添加量为 1%～2%；浸提工艺生产的菜籽饼（粕），兔料添加量为 3%～6%。如果长期在兔饲粮中使用未经脱毒处理的菜籽饼（粕）或添加剂量过大，可导致发病。

（二）临床症状

少数急性中毒的病例表现为突然死亡。多数为慢性中毒，中毒兔表现为食欲减退或废绝，精神沉郁，呼吸困难，腹痛，消化紊乱。有的中毒兔还会出现神经症状。

（三）病理变化

剖检中毒兔，可见肺部出现气肿、水肿症状，胃肠黏膜脱落严重，还伴有出血症状。

（四）诊断方法

本病根据发病史、临床症状、病理变化可做出初步诊断，确诊必须检测饲粮组分，特别是菜籽饼（粕）含量及其毒素含量。

（五）综合防制措施

1. 预防措施　在采用菜籽饼（粕）作为兔饲粮原料添加时，一定要严格控制添加量，一般添加量不宜超过8%。同时菜籽饼（粕）必须经过脱毒处理，目前常用于菜籽饼（粕）脱毒的方法有土埋法、水煮法、碱处理法等。

2. 治疗　发现中毒症状后，立即停止使用饲粮。采用对症治疗、抗菌消炎的措施进行治疗，治疗措施同棉籽饼中毒。加强护理，多饮水。

六、马杜拉霉素中毒

马杜拉霉素中毒是因过量使用马杜拉霉素防制兔球虫病时导致的中毒性疾病。

（一）病因

马杜拉霉素是一种聚醚类抗生素，主要用于防制禽的球虫病，但家兔对该药物比较敏感，且药物的安全范围比较窄，很容易使家兔发生中毒现象。一般都是因使用马杜拉霉素驱球虫时，添加过量或混合不均而导致中毒。

（二）症状

中毒兔表现为精神不振，头低耳耷，采食量下降或不食，全身瘫软，体温下降。

（三）病理变化

剖检可见肺部出血性水肿，肝脏色泽淡黄、质地较脆，肿大；肾脏肿大、充血、出血；胃肠道也有充血、出血。

（四）诊断方法

本病根据兔群最近或正在使用马杜拉霉素驱虫的病史，结合临床症状和病理变化可做出诊断。

（五）综合防制措施

1. 预防措施　禁止用马杜拉霉素进行家兔驱球虫，家兔球虫的防制常采用氯苯胍、地克珠利。

2. 治疗　发现中毒后，立即停止使用马杜拉霉素，其治疗原则和方法同棉籽饼中毒的治疗方法。

彩图 4.1　精神良好

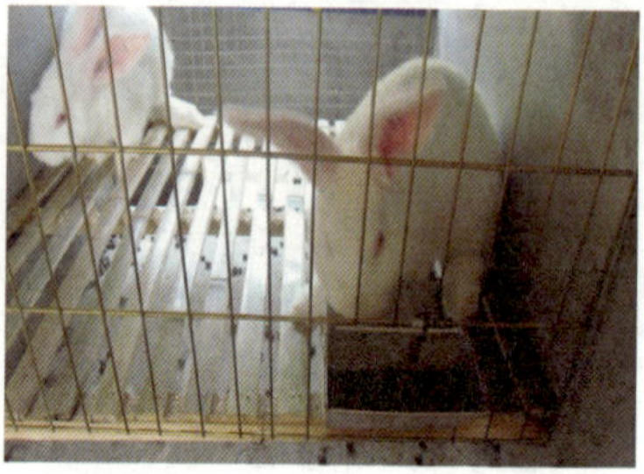

彩图 4.2　精神沉郁

彩图 4.3　嘴啃擦痒

彩图 4.4　被毛有光泽

彩图 4.5　被毛凌乱

彩图 4.6　皮肤脱毛结痂

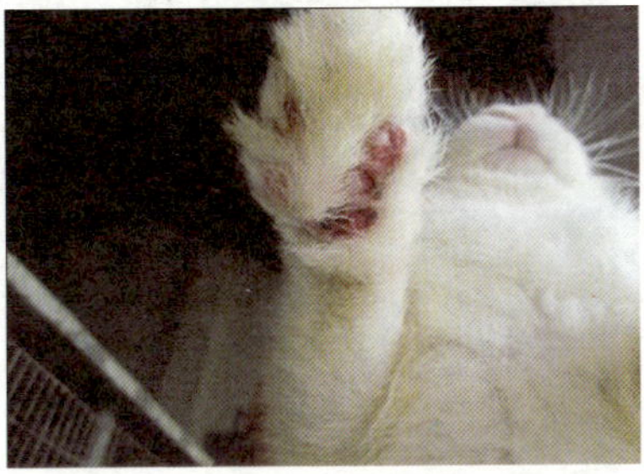

彩图 4.7　皮肤发炎溃疡出现成片脱毛

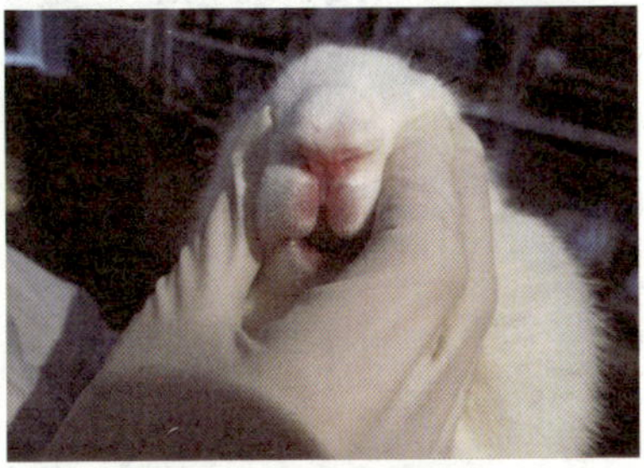

彩图 4.8　鼻黏膜检查

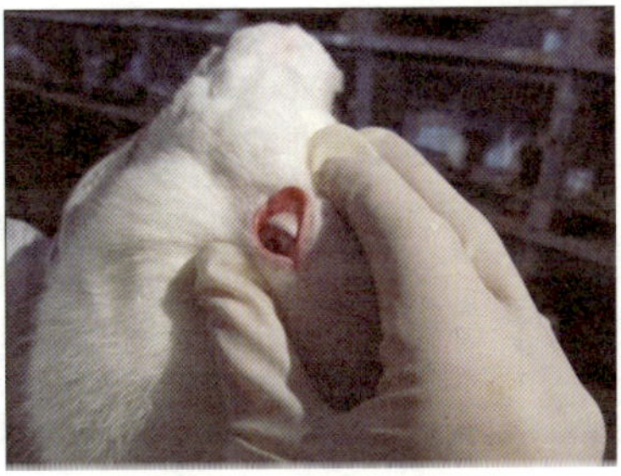

彩图 4.9　眼结膜检查

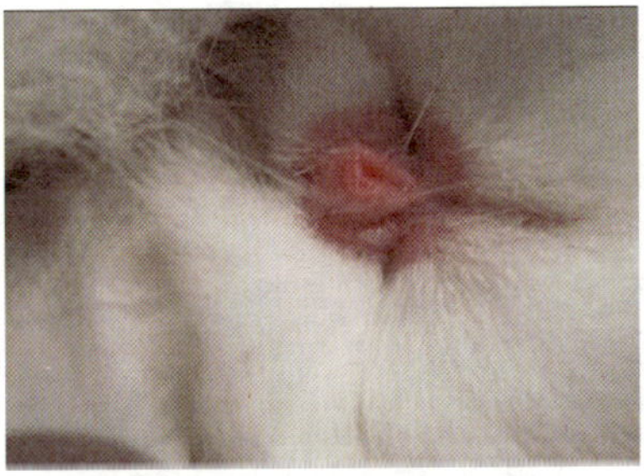

彩图 4.10　生殖道黏膜检查

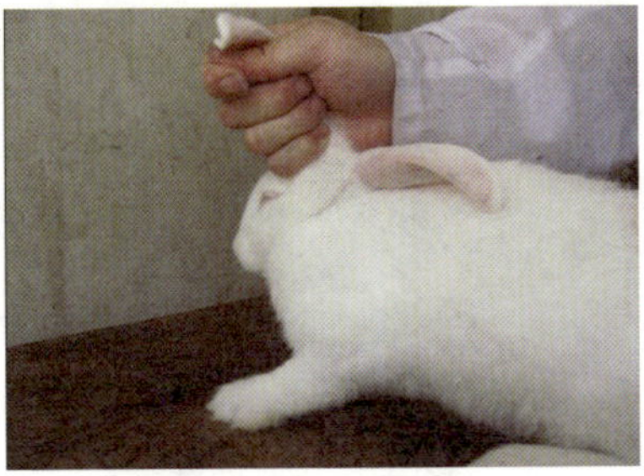

彩图 4.11　耳温检查

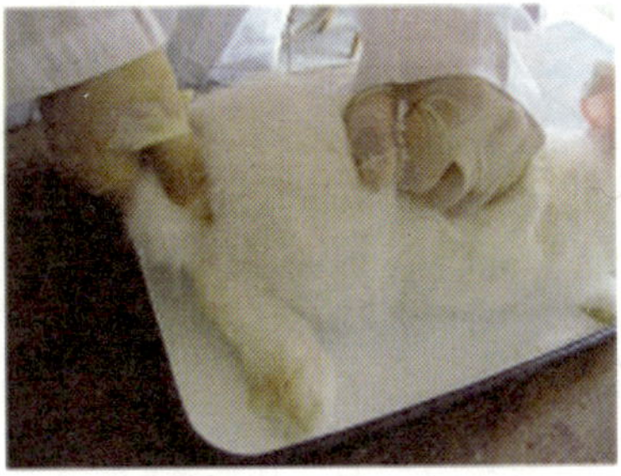

彩图 4.12　体温计检测

彩图 4. 13　采食正常

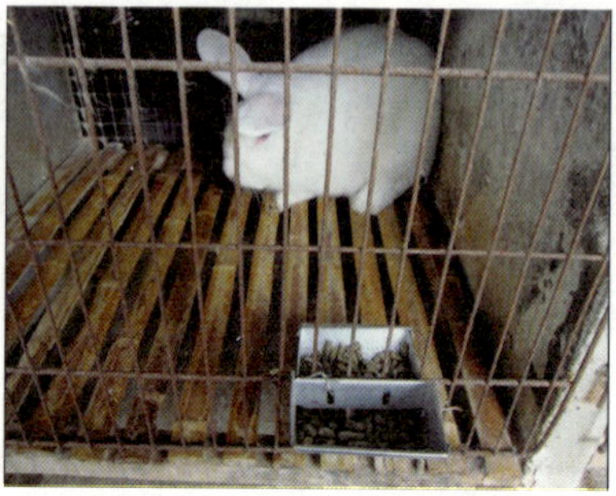

彩图 4. 14　食欲减退或废绝

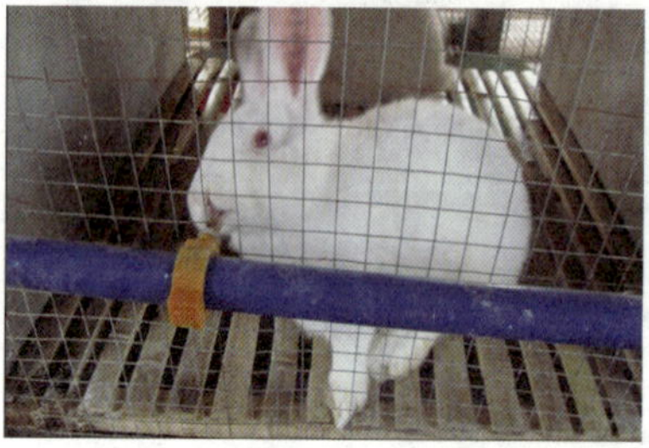

彩图 4. 15　饮水状况良好

彩图 4. 16　正常粪便

彩图 4. 17　便秘粪便

彩图 4. 18　软粪

彩图 4. 19　稀粪

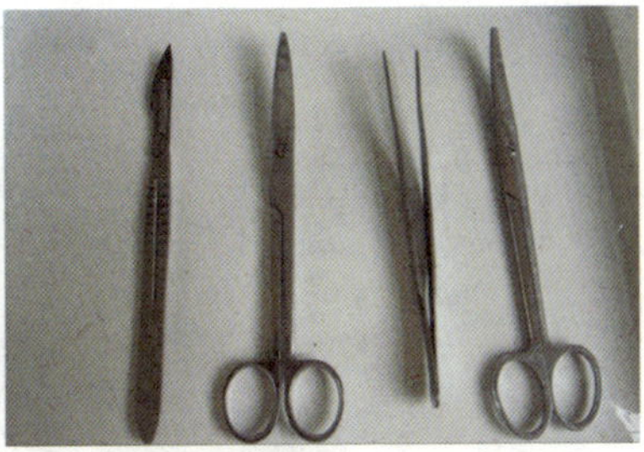

彩图 4. 20　剖检器械

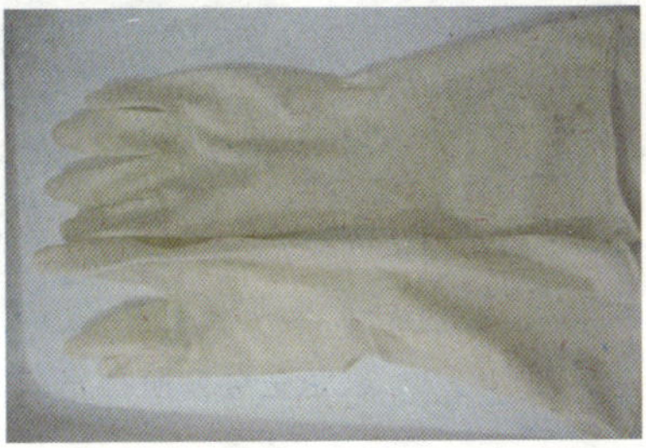

彩图 4. 21　手套

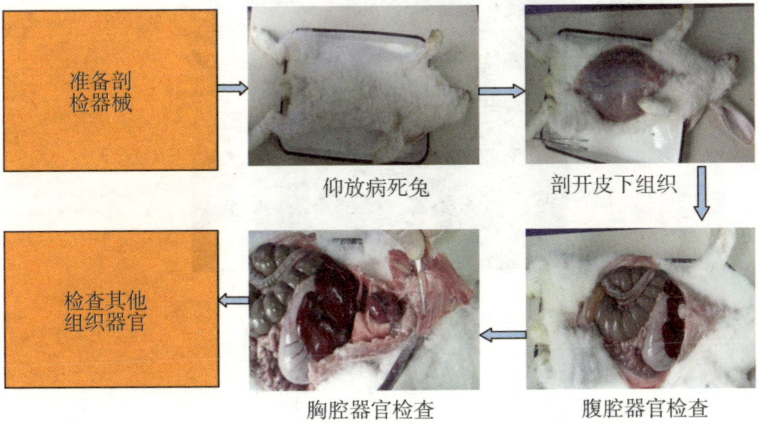

彩图 4. 22　解剖流程

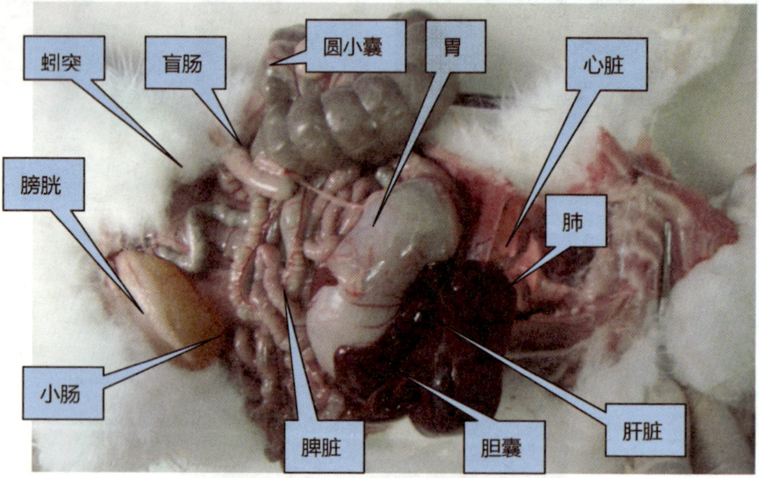

彩图 4.23　家兔主要内脏器官

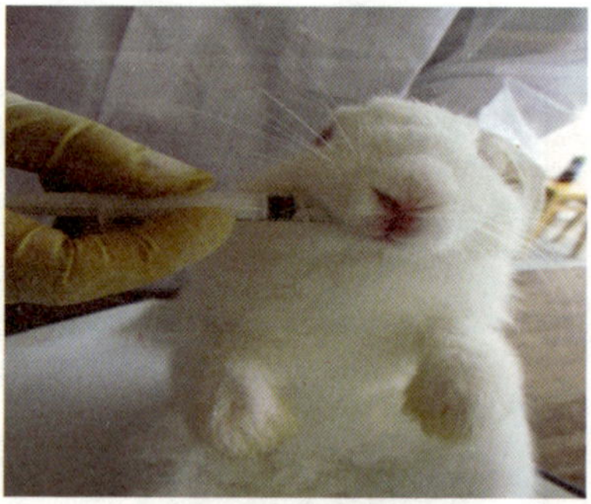

图 4.24　灌服给药